Maya 中文全彩铂金版
2018 案例教程

胡新辰　钟菁琳　王岩 / 主编

衷文　冯阳山 / 副主编

U0244691

中国青年出版社

图书在版编目（CIP）数据

Maya 2018中文全彩铂金版案例教程／胡新辰，钟菁琳，王岩主编. — 北京：中国青年出版社，2018.11（2023.2重印）
ISBN 978-7-5153-5270-1

I.①M… II.①胡… ②钟… ③王… III.①三维动画软件－教材 IV.①TP391.414

中国版本图书馆CIP数据核字（2018）第197022号

Maya 2018中文全彩铂金版案例教程

主　　编：	胡新辰　钟菁琳　王岩
副 主 编：	衷文　冯阳山
企　　划：	北京中青雄狮数码传媒科技有限公司
责任编辑：	张军
策划编辑：	张鹏
书籍设计：	彭涛
出版发行：	中国青年出版社
社　　址：	北京市东城区东四十二条21号
网　　址：	www.cyp.com.cn
电　　话：	（010）59231565
传　　真：	（010）59231381
印　　刷：	北京瑞禾彩色印刷有限公司
规　　格：	787 x 1092　1/16
印　　张：	13
字　　数：	176千
版　　次：	2019年6月北京第1版
印　　次：	2023年2月第13次印刷
书　　号：	978-7-5153-5270-1
定　　价：	69.90元

（附赠1DVD，含语音视频教学+案例素材文件+PPT电子课件+海量实用资源）

如有印装质量问题，请与本社联系调换
电话：（010）59231565
读者来信：reader@cypmedia.com
投稿邮箱：author@cypmedia.com
如有其他问题请访问我们的网站：http://www.cypmedia.com

Preface 前言

首先，感谢您选择并阅读本书。

软件介绍

Maya是美国Autodesk公司出品的一款世界顶级的建模和动画制作软件，自问世以来，凭借其强大的建模、动画、渲染和特效等功能，以及人性化的操作方式，被广泛应用于影视广告、角色动画、电影特技以及游戏动画等诸多领域，深受国内外设计师和三维爱好者的青睐。Maya软件功能完善，工作灵活，易学易用，渲染真实感极强，是电影级别的高端三维制作软件。目前，我国很多院校和培训机构的艺术专业都将Maya作为一门重要的专业课程。

内容提要

本书以"知识点讲解+知识延伸+上机实训+课后练习"的学习模式，全面系统地讲解了Maya软件各个功能模块的应用，从基础知识开始，逐步进阶到灵活应用，将知识点与实战应用紧密结合。

全书共分为11章，第1章～第8章为基础知识部分，分别对Maya软件的入门知识、多边形建模操作、NURBS建模技术、材质与纹理应用、摄影机与灯光应用、渲染操作、动画技术以及骨骼绑定与变形技术的应用进行了详细介绍，并在每个功能模块介绍完毕时以具体案例的形式，拓展读者的实际操作能力。第9章～第11章为实战应用部分，根据Maya软件的几大功能特点，有针对性、代表性和侧重点，并结合实际工作中的应用选择了有代表性的实训案例。通过对这些实用性案例的学习，使读者真正达到学以致用的目的。

为了帮助读者更加直观地学习本书，随书附赠的光盘中包含了书中全部案例的素材文件，方便读者更高效地学习；同时还配备了所有案例的多媒体有声视频教学录像，详细地展示了各个案例效果的实现过程，扫除初学者对新软件的陌生感。

适用读者群体

本书将呈现给那些迫切希望了解和掌握Maya软件的初学者，也可作为提高用户设计和创新能力的指导，适用读者群体如下：

● 各高等院校刚刚接触Maya软件的莘莘学子。

● 各大中专院校相关专业及培训班学员。

● 从事三维动画设计和制作相关工作的设计师。

● 对Maya三维动画制作感兴趣的读者。

本书在编写过程中力求严谨，但由于时间和精力有限，书中纰漏和考虑不周之处在所难免，敬请广大读者予以批评、指正。

编　者

Contents 目录

第一部分　基础知识篇

第1章　初识Maya 2018

第2章　多边形建模

第3章　NURBS建模技术

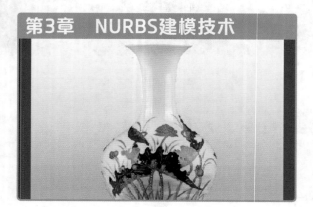

第4章　材质与纹理

第5章　摄影机与灯光

第6章 渲染

第7章 动画技术

第8章 骨骼绑定与变形技术

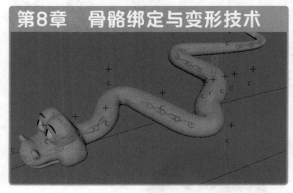

第二部分　综合运用篇

第9章　制作角色模型　170

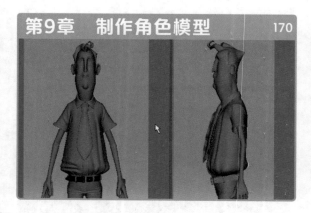

第10章　制作室内场景模型　185

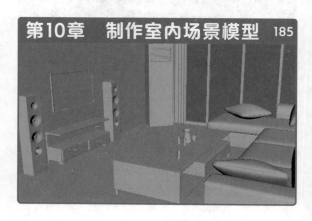

第11章　制作彩色钻石材质　196

第一部分
基础知识篇

基础知识篇将对Maya 2018软件的基础知识和功能应用进行全面介绍，包括软件的用户界面操作、多边形建模方法、NURBS建模技术应用、材质与纹理的相关知识以及渲染与动画的相关操作等。在介绍软件的同时配以丰富的实战案例，让读者可以全面掌握Maya 2018的操作技术。

第1章 初识Maya 2018

本章概述

本章将对Maya软件进行初步介绍，使读者了解Maya的主要功能，并对该软件有一个整体的认知。本章除了对Maya的界面组成、视口操作、自定义设置等进行介绍外，还介绍Maya场景基本操作，如选择对象、变换对象、对齐对象、捕捉对象和分组操作等。

核心知识点

① 了解Maya的基本工作流程
② 了解Maya的应用领域
③ 熟悉Maya的用户界面
④ 熟悉界面自定义设置
⑤ 掌握场景对象基本操作

1.1 Maya概述

Autodesk Maya是美国Autodesk公司出品的、可用于多个平台的世界顶级三维建模、渲染和动画制作软件。Maya拥有友好的工作界面，易于上手和学习，且功能完善，渲染真实感极强，是电影级别的高端制作软件，受到了广大用户的追捧，被广泛应用于影视广告、角色动画、电影特技等诸多行业。下图为Autodesk Maya 2018的启动界面。

1.1.1 Maya发展史

Maya 最早是由美国Alias | Wavefront公司在1998年推出的三维制作软件，该软件一面世就受到动画和影视界的极大关注，短短几年不断推出新的版本。2005年，Autodesk公司并购Alias公司，并相继发布新的Maya版本。现如今，Maya已成为Autodesk旗下的又一主力软件。

1.1.2 基本工作流程

因行业和工种的不同，用户在使用Maya的过程中，所用到的功能也不尽相同，但不同行业也只是在制作流程和分工上有些许差别。通常情况下，动画制作完整的工作流程大致包括策划方案、建模、材质设计、创建摄像机与灯光、创建动画、渲染及后期处理等几步，这些也正是Maya的主要功能。

1. 策划方案

无论何种行业，在项目正式制作前，通常都需要进行一系列的前期准备工作。在该筹备阶段，需要专职工作人员进行相应的统筹、策划，包括故事板、剧本确立、分镜设计、影片风格及总体效果构思等。

2. 建模

确定好方案后，即可进入项目制作流程的第一步：创建模型。建模就如同现实生活中打地基一样，后续的一切工作都要在模型的基础之上开展，因此做出好的、符合项目要求的模型至关重要。Maya提供了多种建模方法，用户可以根据自己的操作习惯或项目需求进行选择。

3. 材质设计

模型创建好后，就需要为其赋予材质，材质控制模型的曲面外观表现，模拟真实物理质感。要展示模型模拟的物理属性，就需要为其设置合适的材质纹理。恰当的材质纹理能为模型锦上添花，所以无论是贴图的选择还是材质的调整，通常情况下，都需要用户进行反复地测试调整。

4. 创建摄影机与灯光

如果说材质可以为场景赋予面貌，那么合适的灯光就可以给予场景灵魂，一个场景缺少合适的灯光，其效果也将黯然失色。在Maya场景中，灯光的创建与项目需求、摄影机角度有一定的关系，所以一般都先为场景创建合适的摄影机来表现场景视角。

5. 创建动画

动画作为Maya的核心功能之一，在动画界和影视界应用较为广泛。Maya提供了多种创建动画的方式，包括关键帧动画、路径和约束动画、角色动画等。

6. 渲染及后期处理

渲染是Maya制作流程的最后一步，也是前期工作的最终表现。渲染场景时，用户可以根据需要，添加相应的效果并选择合适的渲染器。渲染完成后，将进入作品创建的最后一步：后期合成处理。这时就需借助相应的第三方软件对渲染结果进行再加工处理，并输出最终结果。

1.1.3 Maya 应用领域

Maya是一款功能强大的三维制作软件，随着版本的不断升级，功能也越来越强大、完善，吸引了越来越多用户的青睐，并在诸多应用领域有着举足轻重的地位。下面将对Maya 2018的应用领域进行介绍。

1. 影视特技

Maya在电影特效方面应用最为广泛，众多好莱坞大片对Maya都特别眷顾，Maya技术在电影领域的应用也越来越趋于成熟，以下为电影《X战警》中的一些电影特效。

2. 游戏动画

在游戏或动画行业中，可以利用Maya来制作游戏或动画中的角色、场景模型等，从而制作出魔幻美丽的游戏人物或动画场景，下图分别为游戏角色和动画角色。

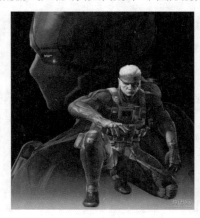

3. 工业或机械设计

在汽车、机械制造、产品包装设计等行业内，可以利用Maya来模拟创建产品外观造型，或制作产品宣传动画，下图为工业产品表现。

4. 建筑表现

在室内表现和室外园林设计行业，也涌现出大量应用Maya制作的优秀作品。在建筑表现方面，Maya除了可以创建静态效果图，还可以制作出三维动画或者虚拟现实的效果，下图为建筑表现动画的单帧效果。

1.2 Maya用户界面

在利用Maya进行作品制作的过程中，需要应用许多命令和工具，而在应用这些命令和工具之前，用户需要了解和熟悉它们的调用方法，故本节将对Autodesk Maya 2018的界面组成、界面操作、视图操作等进行详细介绍，并向用户介绍如何对软件进行相应的自定义设置。

1.2.1 界面组成

在Autodesk Maya 2018中，用户主界面一般由菜单栏、状态栏、工具架、工具箱、视图区、视口、状态栏以及各种控制区组成，下图为Autodesk Maya 2018的用户默认界面。

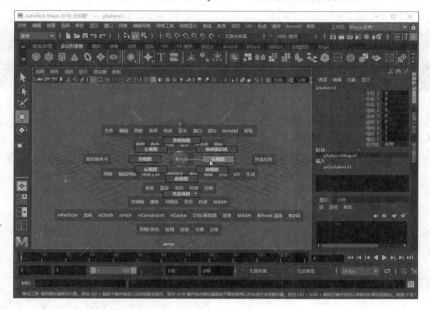

1. 菜单栏

菜单栏位于Maya 窗口的顶部，几乎包括了操作该软件程序的所有命令工具，每个菜单的标题表明该菜单上命令的大致用途，单击菜单名称时，即可打开级联菜单或多级级联菜单，下图为菜单栏。

菜单栏中的"文件""编辑""创建""选择""修改""显示"和"窗口"七个菜单在Maya中始终可用，其他菜单随所选菜单集而变化，用户可以单击状态栏最左侧的下拉按钮，从下拉列表中选择"建模""装备""动画""FX"和"渲染"6种不同类别的选项，即可切换至相关菜单集，每个菜单集设计用于支持特定的工作流。

> **提示：菜单集切换快捷键**
>
> 若要在菜单集之间切换，除了可以使用状态栏中的下拉菜单，还可以使用对应的快捷键进行切换。按下F2功能键可切换至"建模"菜单集，F3功能键对应"装备"菜单集，依此类推，F6功能键对应的是"渲染"菜单集。此外，用户还可以按Ctrl+M组合键，对菜单栏进行显示和隐藏操作。

2. 状态栏

状态栏位于菜单栏的下方，因其显示影响用户如何操纵对象的各种重要交互模式的当前状态，而被称为状态栏。状态栏中包含许多使用频率较高的常规命令图标和一些用于设置对象选择、捕捉、渲染等的开关图标。默认情况下，状态栏的某些部分处于收拢状态，单击垂直分隔线可展开和收拢图标组。

3. 工具架

工具架位于状态栏下方，在工具架中，根据不同功能类别依次排列14个选项卡，单击相应的标签切换选项卡，每个选项卡中均包含许多图标按钮，这些图标分别代表每个集最常用的命令。

4. 工具箱

工具箱位于用户界面的左侧，包含了Maya中用于选择和变换场景对象的工具按钮。用户可以按下对应的快捷键，启用从上至下的相关工具，如选择工具（Q）、移动工具（W）、旋转工具（E）、缩放工具（R）。

5. 快速布局/大纲视图按钮

在工具箱下面存在4个按钮，前三个用于快速布局视图面板，单击其中的任一按钮即可更改视图面板的布局，而最底部按钮则用于显示或隐藏大纲视图。

6. 视图面板

视图面板用于查看场景中对象，占据操作用户界面的大部分区域。在视图面板中，用户可以使用摄影机视图、各种显示模式等通过不同的方式查看场景中的对象。默认情况下，视图面板区域显示单个视图面板，用户可以使用快速布局按钮显示一个或多个视图面板。

通过每个视图面板顶部的面板菜单栏和工具栏，可以访问许多常用命令，用户也可以按Ctrl+Shift+M组合键来显示或隐藏面板工具栏。右图为四视图面板。

7. 通道盒和属性编辑器

通道盒或属性编辑器处于用户界面右侧的同一区域内，用户可以通过单击侧栏图标按钮在两者之间进行切换。默认情况下，通道盒处于打开状态，用于编辑选定对象的属性、关键帧值和显示变换属性，用户也可以更改此处显示的属性。而属性编辑器则提供了较通道盒更为完整的图形控件，不仅可以用来编辑文本框，还可以编辑更多详细的属性信息。下图分别为通道盒和属性编辑器面板。

8. 其他工具

在用户界面的下方，还存在时间滑块、范围滑块、播放控件、动画/角色菜单、播放选项、命令行和帮助行等工具，使用这些工具，用户可以更好地创建和管理场景。

- **时间滑块**：用于显示可用的时间范围，还可以显示当前时间以及选定对象或角色上的关键帧。用户可以拖动滑块预览整个动画，或者使用右端的播放控件预览动画效果。
- **范围滑块**：用于设置场景动画的开始时间和结束时间，如果用户需要重点关注整个动画中的更小部分，还可以设置播放范围。
- **播放控件**：用于移动时间滑块所在的位置，或预览时间滑块范围内定义的动画。
- **动画/角色菜单**：用于切换动画层和当前的角色集。
- **播放选项**：可控制场景播放动画的方式，包括设置帧速率、循环控件、自动关键帧切换和动画首选项按钮。
- **命令行**：命令行的左侧区域用于输入单个 MEL 命令，右侧区域用于提供反馈，这些区域方便熟悉Maya的MEL脚本语言的用户使用。
- **帮助行**：在界面中的工具和菜单项上滚动鼠标时，帮助行将显示这些工具和菜单项的简短描述。此外还会提示用户使用工具或完成工作流所需的步骤简介。

1.2.2　视图操作

Maya中的所有场景对象都处于一个模拟的三维世界中，用户可以通过视图来观察、编辑这个三维世界中场景对象之间的相互关系。在进入这个三维世界之前，需要了解和掌握相应的视图操作，只有熟练掌握这些视图操作，才可以让用户更便捷地完成场景设置。

1. 视图切换

在Maya中，用户除了可以利用快速布局按钮进行视图的切换外，也可以按下空格键并随即松开，来快速在单一视图和多视图模式间切换。此外，用户还可以按住空格键不放，在显示的热盒控件中心的Maya按钮上按住鼠标左键或右键，从弹出的标记菜单中选择对应的视图按钮，来切换视图窗口。

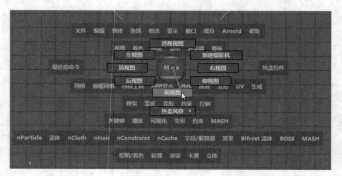

2. 移动、旋转和缩放视图

在不改变物体位置、大小、旋转等属性信息的前提下，为了方便观察视图中的对象，用户可以对视图进行相应的移动、旋转和缩放操作。

- **移动视图**：激活视图，按住Alt键的同时，使用鼠标中键平移视图观察场景，如下图所示。

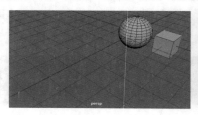 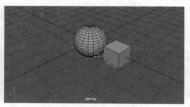

- **旋转视图**：激活视图，按住Alt键的同时，使用鼠标左键旋转视图观察场景，如下图所示。

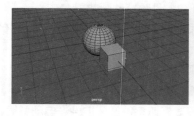 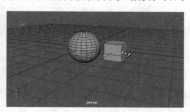

- **缩放视图**：激活视图，按住Alt键的同时，使用鼠标右键缩放视图观察场景，如下图所示。

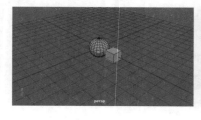 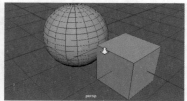

3. 栅格的显示与隐藏

打开Maya时，默认情况下每个视图窗口中都将显示栅格，若用户需要对栅格进行隐藏，可以使用以下方法进行操作。

- 在主菜单栏或是在视图顶部的面板菜单栏中打开"显示"菜单，勾选或取消勾选"栅格"复选框，对视图中的栅格执行显示或隐藏操作，如下左图所示。
- 在视图顶部的面板工具栏中单击"栅格"按钮，显示或隐藏选定视图中的栅格，或是在该按钮上单击鼠标右键，从弹出的列表中勾选或取消勾选"隐藏所有栅格"来显示或隐藏所有视图中的栅格，如下中图所示。此外，还可以从弹出的列表中选择"栅格选项"选项，打开"栅格选项"对话框进行栅格参数的其他设置，如下右图所示。

 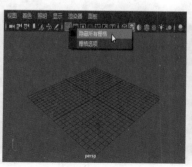 

4. 设置视图显示类别

当一个场景中物体个数及类别较多时，为了方便观察和操作物体，可以利用物体类别属性的区别，进行筛选显示对象。用户可以在视图顶部的面板菜单栏中打开"显示"菜单，从列表中勾选或取消勾选相应的复选框，即可在场景中显示或隐藏显示此类别的对象，如下左图所示。下右图为同一场景下的不同显示类别效果。

 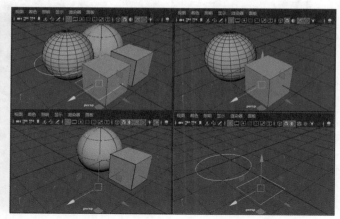

5. 最大化显示视图/对象

在Maya中，用户可以对视图或对象执行最大化显示操作，方便观察和处理细节。最大化操作包括最大化视图和最大化对象两种类型。

- **最大化显示视图**：包括最大化显示当前活动视图和最大化显示视图区域两种情况，要想最大化显示视图区域，则用户可以按下Ctrl+空格组合键，即可全屏视图区域。
- **最大化显示对象**：分为最大化显示活动视图中的所有对象、全部视图中的所有对象、当前所选对象三种情况，用户可以分别按下A键、Shift+A组合键和F键完成上述不同操作。

6. 更改视图布局

在使用Maya的过程中，用户可以按照自己的不同需要来调节视图布局，以便操作和观察场景。更改视图布局的具体操作方法有以下两种：第一种方法是在界面左侧的快速布局按钮上单击鼠标右键，从弹出的快捷菜单中选择所需的布局选项即可，如下左图所示。另一种方法是在视图面板顶部的菜单栏中执行"面板>布局"命令，从子菜单中选择相应的选项，如下右图所示。

 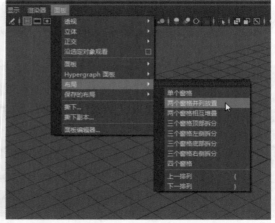

> **提示：调节视图大小**
>
> 用户在对视图进行布局操作后，若对系统给定的各视图大小仍不满意，还可以对视图进行手动的调节。下左图为默认的"三个窗格顶部拆分"布局模式，用户可以将鼠标光标置于左右或上下视图窗口的交界处，当光标形状变为 ◆ 或 ◆ 时，向水平或垂直方向上拖动鼠标，即可调整各个视图窗口大小，效果如下右图所示。
>
>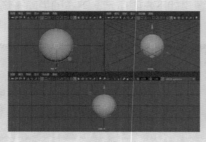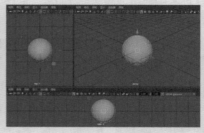

1.2.3 用户自定义设置

因考虑不同用户的操作习惯和喜好，Maya允许用户根据需要对系统默认的界面进行设置，以符合各自的操作习惯。下面将为用户介绍如何进行工具架、菜单集、快捷键、标记标签和热盒以及界面外观的自定义设置。

1. 自定义工具架

在Maya中，用户可以根据自己的操作习惯，向工具架自行添加工具箱中的工具、菜单栏中的菜单项或一些命令脚本等，具体的操作方法如下。

步骤 01 要向工具架中添加工具箱中的工具，则首先单击工具架中的"自定义"选项卡，然后在工具箱中使用鼠标中键按住某一工具不放，此处选择移动工具，拖放至"自定义"选项卡下的空白处，松开鼠标中键完成设置，如下图所示。此外，用户可以在"工具架编辑器"对话框中对所添加的工具进行删除操作。

步骤 02 若要向工具架中添加菜单栏中的菜单项，例如在菜单栏中执行"编辑网格>分离"操作的同时，按下Ctrl + Shift组合键，即可将"分离"命令添加到工具架中，如下左图所示。

步骤 03 在工具架上单击添加的菜单项图标按钮，从弹出的菜单中选择"删除"命令，可将自定义添加的按钮删除，如下右图所示。

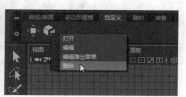

步骤 04 若要向工具架添加命令或脚本，则在菜单栏中执行"窗口>常规编辑器>脚本编辑器"命令，如下左图所示。在打开的"脚本编辑器"中，选择脚本命令并单击鼠标中键，然后将其从脚本编辑器拖到工具架，如下右图所示。

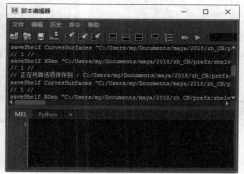

步骤 05 用户还可以使用工具架编辑器对工具架进行自定义设置，首先单击工具架左侧的齿轮图标，从弹出菜单中选择"工具架编辑器"选项，如下左图所示。在打开的"工具架编辑器"对话框中进行工具架编辑设置，如下右图所示。

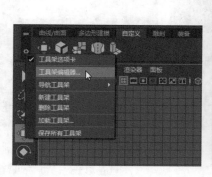

2. 自定义菜单集

在Maya中，既可以对已经存在的菜单集进行重命名、编辑和移除操作，也可以创建汇集自选菜单项的自定义菜单集。用户可以单击状态栏左侧的下拉按钮，从下拉列表中选择"自定义"选项，如下左图所示。在打开的"菜单集编辑器"对话框中进行设置，如下右图所示。

 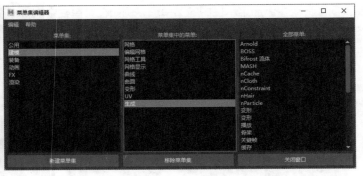

3. 自定义热键

用户可以在菜单栏中执行"窗口>设置/首选项>热键编辑器"命令，如下左图所示。打开"热键编辑器"对话框，在该对话框中可以将预定义命令、脚本或标记菜单的热键、键盘快捷方式指定给键或是键组合。

4. 自定义界面外观颜色

在Maya中，用户可以通过按下Alt+B组合键，快速在视图面板中切换不同背景颜色，如下左图所示。还可以在菜单栏中执行"窗口>设置/首选项>颜色设置"命令，打开"颜色"对话框，对用户界面、视图面板颜色、视图背景色等进行自定义设置，如下右图所示。

1.3 Maya场景操作

用户在使用Maya进行创作时，熟练掌握场景的基本操作，是完成创作的必备技能。场景对象的基本操作主要有选择、移动、旋转、缩放和复制等，而对象的显示、隐藏、捕捉等可以方便操作时的观察，且能减少误操作的发生。

1.3.1 选择对象

在大多数情况下，对场景对象进行操作前，首先要对场景对象执行选择操作，只有选定对象后才能进行下一步具体的操作编辑，用户可以通过不同的方式对对象进行选择。

- **单击选择：** Maya中最基本的选择方法就是使用选择工具单击鼠标左键进行选择。用户也可以使用鼠标与按键配合进行选择，即按Shift键进行加选或按Ctrl键进行减选。
- **区域框选：** 在视图窗口中，使用选择工具拖曳鼠标绘制长方形区域，进行对象的选择，或是使用套索工具绘制任意形状的区域进行对象选择。
- **大纲视图选择：** 用户也可以显示大纲视图，从大纲视图中根据对象类型、名称对场景进行选择。

1.3.2 变换对象

在Maya中，变换操作会更改对象的位置、方向或大小，但不会更改其形状，主要包括移动、旋转和缩放3种基本操作。用户可以通过使用工具箱中的移动工具、旋转工具和缩放工具，或是按下W、E、R键，对场景中的对象进行移动、旋转、缩放操作，也可以使用通道盒和输入框精确变换对象。

1. 移动对象

移动，也称为平移，是相对于对象的枢轴或平面更改对象的空间位置。当选择多个对象时，则根据其公用枢轴点移动，该枢轴点取决于添加到当前选择的最后一个对象。下图为移动的7种情况，即沿X、Y、Z三个轴向移动，沿XY、XZ、YZ三个平面移动以及轴点处的自由变换。

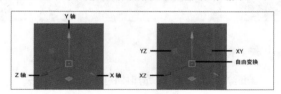

2. 旋转对象

旋转对象时，将围绕对象枢轴进行更改对象方向操作。当选择多个对象时，旋转枢轴所在的位置在它们的公用枢轴点处。使用旋转工具操作对象时，对象处将出现下图所示的标识，其中红色代表X轴旋转、绿色代表Y轴旋转、蓝色代表Z轴旋转。

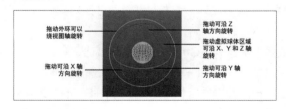

3. 缩放对象

缩放对象将从对象的枢轴处开始更改对象大小，选择对象并按下R键，可沿X、Y、Z三个轴向或XY、XZ、YZ三个平面上缩放对象，而拖动中心轴点可以沿所有方向均匀缩放对象。

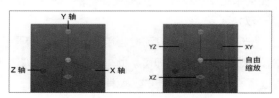

4. 使用精确值变换对象

上文介绍了如何使用移动工具、旋转工具和缩放工具轻松快速地变换对象，但这种变换较为随意，而有时用户往往需要对物体进行精确地变换操作，这时就需利用"通道盒"或状态栏中的"输入框"执行此操作。

- **在"通道盒"中输入精确的变换值**：在通道盒中对应的X、Y或Z通道字段的平移（移动）、旋转和缩放属性数值框中输入一个数值，即可精确变换对象，如下左图所示。
- **在"输入框"中输入精确的变换值**：在使用移动工具、旋转工具或缩放工具选择对象的基础上，单击状态栏右端的输入框的输入字段，然后在相应的字段中输入X、Y和Z的值，从而在绝对变换的基础上精确变换对象空间位置，如下中图所示。此外，按住输入框前的按钮，可以在"绝对变换"和"相对变换"两种模式间切换，如下右图所示。

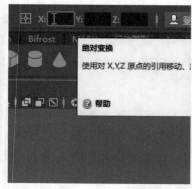

1.3.3 显示和隐藏对象

用户在利用变换工具操作对象时，会发现如果场景中的物体个数较多，容易造成误操作、不易观察等情况出现，不利于对象的选择和编辑，这时候用户可以利用对象的显示或隐藏等命令来方便操作。

1. 设置对象可见性

在Maya中，为了避免场景中的一些对象对正在编辑的对象造成干扰，可以将其选中，执行隐藏操作，然后在必要的时候再将其显示出来。

- **切换对象可见性**：选择一个或多个对象，按H键隐藏选定对象，在不退出选择状态的情况下，按H键显示选定对象。
- **隐藏对象**：选择一个或多个对象，按Ctrl+H组合键隐藏选定对象。
- **隐藏未选定对象**：选择对象后，按Alt +H键组合隐藏未选定对象。
- **显示上次隐藏对象**：在执行隐藏操作后，可以按下Ctrl+Shift+H组合键显示上次隐藏的对象。
- **显示特定隐藏对象**：要显示特定的隐藏对象，首先需选择该隐藏对象，用户可以打开大纲视图，而隐藏对象在大纲视图中以灰色文本显示，选择特定对象的名称后，按Shift+H组合键即可将其显示出来。
- **显示或隐藏所有对象**：在菜单栏中执行"显示>隐藏>全部"命令，隐藏所有对象；执行"显示>显示>全部"命令，显示所有对象。
- **孤立对象**：选择对象后，按下Shift+I组合键孤立当前选定对象，若要退出孤立模式，需在不选定任何对象的情况下，再次按下Shift+I组合键即可。此外，用户也可以按Ctrl+1组合键打开或关闭视图面板工具栏中的"隔离选择"按钮，从而孤立或取消孤立对象操作。

2. 更改对象的显示

在Maya的视图面板中，用户可以采用不同的方式更改对象的显示外观，例如，对象的显示模式（着色、纹理等）、线框颜色以及几何体的平滑度等。

（1）更改对象显示模式

Maya中提供了多种对象显示模式，每种特定的显示模式适合特定的操作编辑。用户可以在视图顶部的面板菜单栏中打开"着色"菜单，从列表中选择相应的单选按钮，进行显示模式的切换，如下左图所示。下右图为同一场景对象的不同显示模式。

 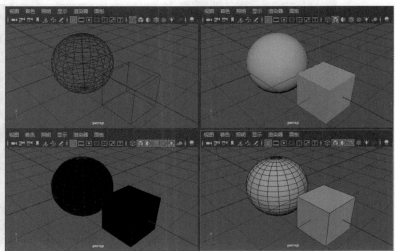

- **线框：** 用户可以单击视图面板工具栏中的"线框"按钮或是按下4键，切换至线框显示模式。
- **着色：** 单击视图面板工具栏中的"对所有项目进行平滑着色处理"按钮或是按下5键，切换至着色框显示模式。
- **着色对象上的线框：** 在启用着色显示的基础上，单击视图面板工具栏中的"着色对象上的线框"按钮，启用着色对象上的线框模式
- **使用所有灯光：** 单击视图面板工具栏中的"使用所有灯光"按钮或是按下7键，启用灯光模式。
- **边界框：** 在视图顶部的面板菜单栏中，打开"着色"菜单，选择"边界框"单选按钮，启用边界框显示模式。

（2）更改对象线框颜色

在Maya中，用户可以为对象指定不同的线框颜色，以便更轻松地在视图面板中对其进行观察操作，而线框颜色的设置既可以逐对象指定，也可以逐显示层进行指定。

- **逐对象指定线框颜色：** 选择对象，在菜单栏中执行"显示>线框颜色"命令，在弹出的"线框颜色"对话框中设置选定对象的线框颜色。
- **逐显示层指定线框颜色：** 在层编辑器中，单击层名称前面的颜色按钮，在打开的"层编辑器"对话框中设置统一颜色，来覆盖该层中各个对象的线框颜色。

1.3.4 复制和组合对象

在进行对象操作的过程中，往往需要对对象进行复制和分组操作，以便快速有效地编辑和管理场景，下面将为用户具体介绍如何复制和组合对象。

1. 复制对象

在Maya中,"复制"和"特殊复制"命令用于创建选定对象的多个副本。选择对象后,按下Ctrl+D组合键复制对象,再按Shift+D组合键进行连续复制。此外,用户也可以选择对象,在菜单栏中执行"编辑>特殊复制"命令,如下左图所示。打开"特殊复制选项"对话框,进行特殊复制设置,如下右图所示。

需要注意的是,使用实例进行复制对象后,实例对象会和原始对象之间保持一定的链接关系,所以当原始对象发生更改时,实例对象也会随之发生更改。

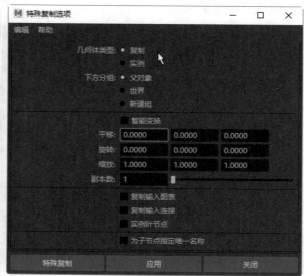

2. 组合对象

在Maya中,将两个或多个对象组合成组后,所有的组成员都被严格链接至一个不可见的虚拟对象上,用户既可以单独编辑组内对象,也可以将组合视为一个整体来变换和修改。用户选择两个或多个对象后,在菜单栏中执行"编辑>分组"命令,将所选对象成组处理。

对象分组后,可以打开大纲视图,为该组合进行重命名操作。也可以选择该组合名称,在菜单栏中执行"编辑>解组"命令,解除组合。

1.3.5 对齐和捕捉设置

用户在移动对象或创建新对象时,使用对齐或捕捉命令可以非常方便、有效地完成相应操作。对齐和捕捉命令,可以在相对彼此或相对激活曲面的基础上精确地控制对象的位置。

1. 对齐对象

在Maya中,用户既可以使用"编辑枢轴"模式对齐对象,也可以使用交互式操纵器对齐对象,或者是通过设置对齐选项来对齐对象。下面将为用户详细介绍使用"编辑枢轴"模式和使用交互式操纵器两种不同对齐操作的具体步骤。

(1)使用"编辑枢轴"模式对齐对象

用户可以通过按下D键进入对象的"编辑枢轴"模式,然后执行相应的操作快速实现对象与对象的对齐,具体操作如下。

步骤 01 打开Maya应用程序,在菜单栏中执行"创建>多边形基本体>立方体"命令,创建出下图所示的两个立方体。

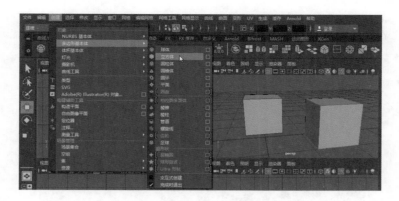

步骤 02 选择其中一个立方体，按下Insert或D键，进入"编辑枢轴"模式，移动光标至对象一个顶点处，当光标显示如下图所示时，单击鼠标左键，随后再次按下Insert或D键退出"编辑枢轴"模式。

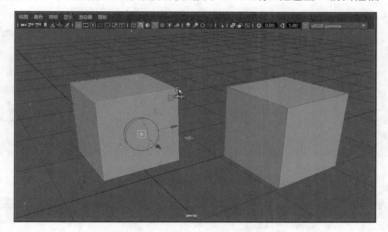

步骤 03 按住V键不放，激活"捕捉到点"模式，在枢轴点所在的顶点处按住鼠标左键，将该立方体向场景中的另一个立方体拖曳，完成对齐操作，结果如下图所示。

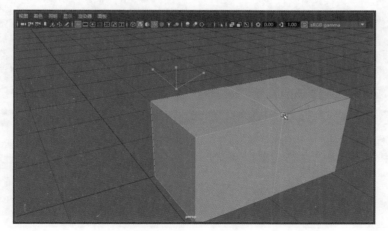

（2）使用交互式操纵器对齐对象

用户可以通过使用菜单栏中的对齐工具对齐对象，具体操作如下。

步骤 01 打开Maya应用程序，在菜单栏中执行"创建>多边形基本体"命令，创建两个多边形对象，接着在菜单栏中执行"修改>对齐工具"命令，如下图所示。

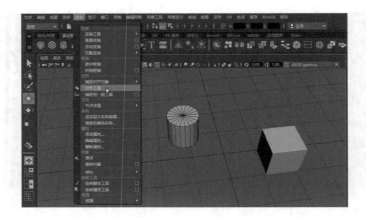

步骤 02 返回视图中，首先选择圆柱体模型，该对象周围将出现相应的图标且亮显为绿色，如下左图所示。接着按住Shift键的同时，单击需要对齐到的对象立方体模型，如下右图所示。

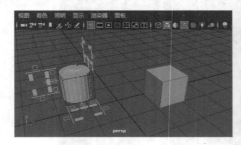 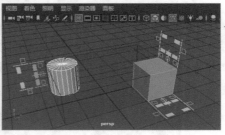

步骤 03 单击模型周围对应的图标，对齐两个对象，如下图所示。

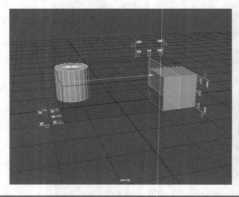 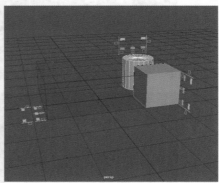

提示：其他对齐操作

用户除了可以使用上述两种方式执行对齐操作外，还可以在菜单栏中执行"修改>捕捉对齐对象"命令，在其子菜单栏中选择合适的选项执行对齐操作，如右图所示。

2. 捕捉设置

用户在使用移动工具和各种创建工具编辑场景时，可以使用捕捉命令捕捉对象到场景中的现有对象上。用户可以在状态栏中显示捕捉图标，然后单击启用相应的捕捉按钮即可，如右图所示。

- **捕捉到栅格：** 单击状态栏中的"捕捉到栅格"按钮或是按住X键，启用栅格捕捉移动对象。
- **捕捉到曲线：** 单击状态栏中的"捕捉到曲线"按钮或是按住C键，启用曲线捕捉移动对象。
- **捕捉到点：** 单击状态栏中的"捕捉到点"按钮或是按住V键，启用点捕捉移动对象。

 知识延伸：层编辑器应用

在Maya中，用户可以通过层编辑器来整体把控和管理场景中的对象。默认情况下，层编辑器显示在通道盒面板的底部，用户可以通过单击界面右侧的"通道盒/层编辑器"图标将其打开，如下图所示。

在层编辑器中用户可以创建层、激活层、重命名层，也可以在层之间移动对象，或按层对对象进行选择、冻结、隐藏等属性的设置。

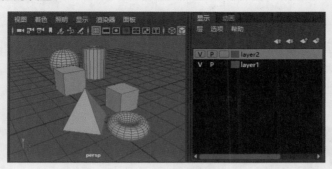

 上机实训：新建项目与视图调整

经过本章内容的学习，用户是不是都跃跃欲试，想设置自己不同的用户界面？下面将对新建项目以及视图的操作进行介绍。

1. 新建项目

在模型制作前，用户首先要新建项目文件，然后保存好工程文件，再进行下一步的制作。下面对新建项目文件的方法进行介绍。

步骤 01 打开Maya 2018应用程序，在菜单栏中执行"文件>项目窗口"命令，如下左图所示。

步骤 02 弹出"项目窗口"对话框，单击"新建"按钮，如下右图所示。

步骤03 然后根据用户的需要，可以在"当前项目"文本框输入项目名称，单击"位置"属性右侧的文件夹按钮，选择项目保存的位置，如下左图所示。

步骤04 单击"位置"属性右侧的文件夹按钮后，在打开的"选择位置"对话框中选择项目保存的位置，如下右图所示。

2. 切换与调整视图

在使用Maya的过程中，经常需要切换视图进行效果查看，所以掌握切换视图的方法很重要。在某些特殊时刻，用户需要放大某一视图进行仔细地观看，就需要掌握调整视图的方法。

步骤01 如果需要切换视图，只需在当前视图上按住空格键，在下图中Maya字样上按住鼠标左键即可选择要切换到的视图。

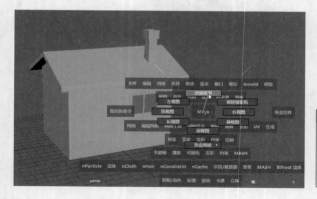

> **提示：切换视图的其他方法**
>
> 除了上述介绍的切换视图的方法外，用户还可以选中想要切换到的视图，在该视图上单击鼠标左键将其激活，然后按下空格键即可。

步骤02 在某些情况下，用户为了观察方便可以手动调整视图窗口的大小，如果需要垂直调整窗口的大小，可将鼠标放置在水平边界上并按住鼠标左键不放，然后上下进行调整，如下左图所示。

步骤03 如果需要调整水平窗口的大小，可将鼠标放置在垂直边界上按住鼠标左键不放，然后左右进行调整，如下右图所示。

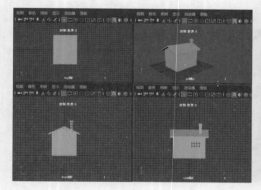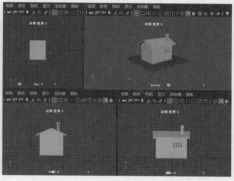

3. 自定义视图

在使用Maya的过程中，有时会遇到某些特殊情况，如系统提供的视图并不能符合我们的制作要求，这时就需要对Maya的视图布局进行设计，从而定义出属于自己的操作视图。

步骤 01 在视图工具栏上执行"面板>面板编辑器"命令，如下左图所示。

步骤 02 打开"面板"对话框，有五个选项卡，分别是"面板""新建面板""布局""编辑布局""历史"，下右图所示为"面板"选项卡。

步骤 03 切换到"布局"选项卡，单击"新建布局"按钮，创建一个新的视图布局，然后在名称文本框中输入用户想要的名称后按下Enter键，如下左图所示。

步骤 04 在"面板"对话框的"布局"选项卡中选择新建的视图布局，然后单击"添加到工具架"按钮，当在工具架上单击"属于自己的面板"按钮时就可以切换到自己设计的视图布局中，如下右图所示。

 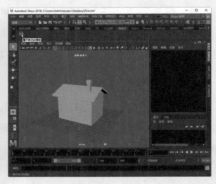

步骤 05 在"面板"对话框中选择"编辑布局"选项卡，展开"配置"下拉列表，选择"四个窗口"选项，如下左图所示。

步骤 06 在"面板"对话框中单击"编辑布局"标签，切换到"内容"选项卡，在"按类型选择面板"属性中用户可以根据需要选择要显示的视图内容，如下右图所示。

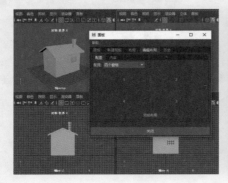 

课后练习

1. 选择题

（1）Maya的主要功能有（　　）。

　　A. 建模　　　　　　　　　　　　　　B. 渲染

　　C. 动画　　　　　　　　　　　　　　D. 以上都是

（2）Maya的主要应用领域有（　　）。

　　A. 影视特技　　　　　　　　　　　　B. 游戏动画

　　C. 工业设计　　　　　　　　　　　　D. 以上都是

（3）对对象进行旋转操作时，可以按下的快捷键为（　　）。

　　A. Q键　　　　　　　　　　　　　　B. E键

　　C. 空格键　　　　　　　　　　　　　D. A键

（4）在Maya中选择对象后，按下（　　），可以进入"编辑枢轴"模式。

　　A. D键　　　　　　　　　　　　　　B. H键

　　C. Ctrl+1键　　　　　　　　　　　　D. V键

2.填空题

（1）在Maya 2018中，用户可以按下_____组合键新建场景文件。

（2）要旋转视图，首先激活视图，按下_____键的同时使用鼠标_____键旋转视图观察场景。

（3）用户可以按下_____组合键孤立当前选择的对象。

（4）在Maya中，用户可以通过按下_____组合键，快速在视图面板中切换不同的背景颜色。

3.上机题

　　打开随书配套光盘中的shangjiti.mb文件，利用本章所学的知识，快速选择文件中的水杯并进行对齐操作，然后对茶壶进行适当旋转，具体效果请参考下图。

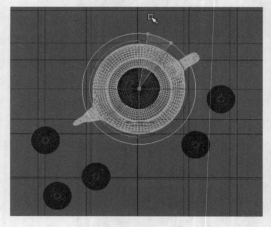

第2章 多边形建模

本章概述

本章将对Maya中的多边形建模技术进行介绍，该建模方法容易理解且容易操作，非常适合初学者学习。通过对本章的学习，可以为今后制作更高级别难度的模型打下良好的基础。

核心知识点

1 掌握多边形的基础知识
2 掌握创建多边形字体的方法
3 掌握多边形的基本操作
4 掌握编辑多边形对象的方法
5 掌握编辑多边形组件的方法

2.1 创建多边形模型

模型是后续工作的根基，创建符合规范的模型有利于工作的顺利开展。在Maya中，用户可以应用多种建模方法创建三维模型，其中多边形建模是较为常用的建模方法。因该建模方法易于上手和理解，很多初学者在学习建模的过程中通常都优先选择该方法。

在Maya中，创建多边形模型的方法，主要包括基本体向上建模、使用"创建多边形"工具绘制多边形和转化现有其他类型模型来创建多边形，本节将为用户分别介绍这几种建模方法。

2.1.1 多边形基础知识

在介绍具体的多边形建模方法之前，用户需要了解多边形建模的一些基础知识及常用术语，从而有利于用户对多边形建模方法有一个整体、清晰的认识，便于后续模型的创建。

1. 多边形术语

多边形是由三维点（顶点）和连接它们的直线（边）定义的直边形状（3个或更多边），其内部区域称为面，顶点、边和面是构成多边形的基本组件，用户可以通过选择和修改这些基本组件来调节多边形。

多边形模型是由许多单独的多边形组成，这些多边形组合形成一个多边形网格（也称为多边形集或多边形对象），而多边形网格通常共享各个面之间的公用顶点和边，这些公用的顶点和边称之为共享顶点和共享边。此外，多边形网格也可以由多个不连贯的已连接多边形集（称为壳）组成，网格或壳的外部边称为边界边。

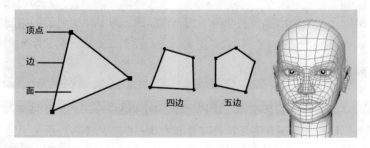

2. 多边形建模原则

虽然Maya支持使用四条以上的边创建多边形，但因多于四条边的面在后期渲染时易出现扭曲错误，故多边形建模时，通常使用三边多边形（称为三角形）或四边多边形（称为四边形）创建模型。此外，在创建模型的过程中，用户还需保证面法线方向的一致，否则会产生纹理错误等后果。

2.1.2　创建多边形基本体

在Maya中，用户可以采用多种方法创建三维模型，初学者多采用基本体向上建模法创建模型。基本体向上建模法是以多边形基本体作为模型的起始点，用户除了可以直接利用基本体进行模型的组建，也可以对其进行加工细化、修改基本体相关属性等，从而创作出更为复杂绚丽的模型。

多边形基本体是Maya系统提供的三维几何形状，这些基本体对象主要包括球体、立方体、圆柱体、圆锥体、圆环和平面等17种，如下图所示。而创建这些多边形基本体的方法，主要包括使用主菜单栏命令、工具架和热盒菜单创建。

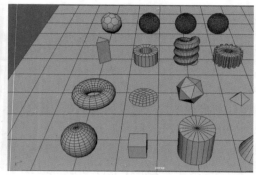

1. 使用主菜单栏命令创建

在Maya典型工作流中，用户可以先创建几何基本体模型作为三维建模的起点，然后进一步修改基本体创建更复杂的模型。下面以创建球体为例，为用户介绍从主菜单栏中创建基本体的具体操作方法。

步骤01 在主菜单栏中执行"创建>多边形基本体>球体"命令，如下左图所示。即可在X、Y、Z原点处创建一个球体基本体。

步骤02 上述操作后，球体对象不仅显示在场景视图坐标原点处，且默认情况下处于选定状态，切换至通道盒，即可对球体的位置、旋转、缩放、可见性、半径、细分等属性进行设置，如下右图所示。

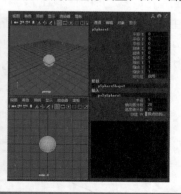

> **提示：多边形基本体选项**
>
> 使用主菜单栏命令创建基本体时，用户还可以预先指定基本体属性，然后再创建基本体。具体操作方法是：在主菜单栏中执行"创建>多边形基本体"命令，从子菜单列表中单击基本体名称后的选项框，打开相应的多边形基本体选项对话框，更改非交互式创建属性，右图为"多边形球体选项"对话框。

2. 交互式创建

用户除了按上述方法创建系统默认大小和位置的基本体外，还可以按实际需求利用交互方式创建出不同大小和位置的基本体。具体操作方法为：在主菜单栏中执行"创建>多边形基本体"命令，单击子菜单上部的虚线，提取出"多边形基本体"面板，如下左图所示。接着从面板列表中勾选"交互式创建"复选框，如下右图所示。然后单击面板中的"球体"按钮，即可在场景视图中的任意位置，单击并拖动鼠标左键来创建一个球体模型。

> **提示：交互式创建方法中快捷键的使用**
>
> 在交互式创建基本体的过程中，按住Shift键或Ctrl键可实现以下效果：
> - **Ctrl键**：以光标为中心增大平面基本体和立方体基本体，而不影响所有其他基本体。按后续交互式步骤调整基本属性时，按Ctrl键可立即降低鼠标速度。
> - **Shift键**：将所有基本体约束到三维等边比例，并以光标或光标所在水平面为基础点或基础平面增大模型。按后续交互式步骤调整基本属性时，按Shift键可立即提高鼠标速度。
> - **Ctrl+Shift组合键**：将所有基本体约束到三维等边比例，并以光标为中心增大模型。
>
> 此外，在交互式创建过程中随时按Enter键，可立即完成基本体的创建，并跳过剩余的属性设置。

3. 使用工具架创建

在Maya中，用户还可以使用工具架创建多边形基本体。下面以创建立方体为例，介绍具体的操作方法。

步骤01 打开Maya应用程序后，选择工具架中的"多边形建模"选项卡，单击"多边形立方体"按钮，即可在原点处创建出一个多边形立方体，如下左图所示。

步骤02 返回场景视图，按T键激活"显示操纵器工具"，在视图中显示的编辑器中调整立方体节点属性，如下右图所示。

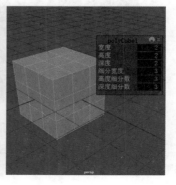

4. 使用热盒菜单创建

用户除了可以利用上述方法在场景中创建基本体外，还可以打开Maya应用程序，按住空格键不放，此时视图中将出现热盒菜单，执行"创建>多边形基本体>球体"命令，即可在视图中创建出一个球体模型，如下图所示。

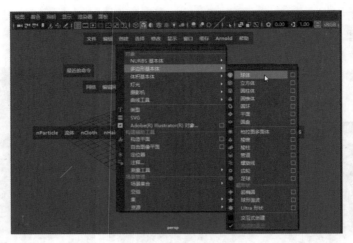

2.1.3 绘制多边形

在Maya中，用户可以使用创建多边形工具绘制多边形。应用创建多边形工具时，用户可以从顶点开始绘制多边形网格，而不是从基本体形状开始创建。对于一些具有特定二维形状的模型，用户可以根据其形状进行绘制，如下图所示。下面将为用户介绍绘制多边形的具体操作方法。

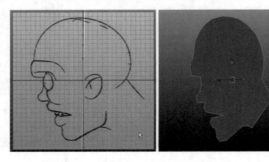

步骤01 打开Maya应用程序后，在菜单栏中执行"网格工具>创建多边形"命令，如下图所示。

步骤02 返回视图，单击鼠标左键可放置第一个顶点，再次单击放置下一个顶点，此时Maya将会在放置的第一个顶点和第二顶点之间创建一条边，如下左图所示。

步骤03 再次单击鼠标左键放置第三个顶点，此时将由这三个点确定一个面，如下右图所示。

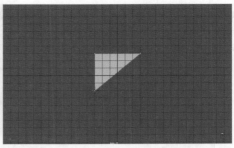

> **提示：法线方向的确立**
>
> 在绘制多边形的过程中，顶点的放置方式决定面法线的方向。如果以顺时针方向放置顶点，则面法线指向下方，如果以逆时针方向放置顶点，则面法线指向上方。

步骤 04 继续放置顶点以创建四边形或n边多边形，这里在放置第四个顶点后，按下Enter键来结束多边形绘制，如下图所示。

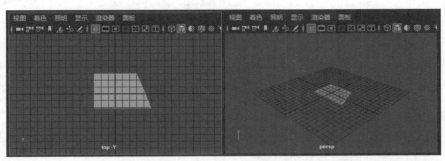

> **提示：绘图小技巧**
>
> 在绘制多边形的过程中，用户可以按Delete或Backspace键依次删除最后放置的一个点；按Y键开始创建新多边形；按Home或Insert键可以切换至顶点级别，此时在最后放置的顶点上将显示操纵器，利用该操纵器移动顶点位置，再次按Home或Insert键退出顶点编辑状态，继续下一步操作。
>
> 此外用户还可绘制带洞的多边形面，具体操作是在完成外围多边形绘制时，按Ctrl键的同时在已绘制的图形内部单击鼠标放置第一个顶点，松开Ctrl键，继续放置其余顶点，按Enter键完成带洞多边形的创建。

2.1.4　创建多边形文字

在Maya 2018中，用户可以通过不同方式进行多边形文字的创建，下面介绍具体的操作方法。

步骤 01 打开Maya应用程序后，在菜单栏中执行"创建>类型"命令，如下左图所示。

步骤 02 在打开的"属性编辑器"面板中，可以对文本内容、字体大小等属性进行设置，如下右图所示。

提示：设置文本属性

选择工具架中的"多边形建模"选项卡，单击多边形文本按钮，即可在视图中创建出一个多边形文本，如右图所示。

2.2 多边形基本操作

模型初步创建完成后，即将进行对模型的编辑和再加工环节，在编辑多边形之前，用户需要掌握对多边形的一些基本操作，包括多边形组件的选择、法线的编辑以及如何在视图中显示多边形计数等。

2.2.1 选择多边形组件

在Maya场景中，对多边形网格进行多种类型的操作前，必须先选择要修改的相关多边形组件，下面为用户分别介绍多边形组件的构成元素、多边形组件循环或环形选择以及如何更改选择类型。

1. 多边形网格的构成元素

多边形网格的构成元素除了上文介绍的顶点、边、面外，还包括UV组件，下面将为用户介绍如何在各种类型的多边形组件之间进行选择及切换操作。

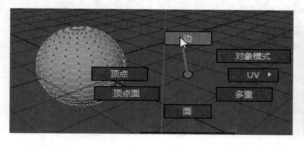
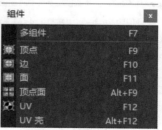

- **顶点**：若要将选择类型设定为顶点级别，用户可以在多边形网格上单击鼠标右键，从弹出菜单中选择"顶点"选项，或是在已选定多边形网格或该网格的其他组件类型时，按F9功能键将选择类型设置为顶点模式。
- **边**：在多边形网格上单击鼠标右键，然后选择"边"选项，或是按F10功能键将选择类型设置为边。
- **面**：在多边形网格上单击鼠标右键，然后选择"面"选项，或是按F11功能键将选择类型设置为面。
- **UV**：在多边形网格上单击鼠标右键，然后选择UV选项，或是按F12功能键，选择多边形网格的UV纹理坐标。但须注意的是，虽可以在场景视图中进行UV的选择，但若要查看多边形网格的UV布局，并进行其他UV编辑操作，则必须使用UV编辑器来完成上述操作。

2. 多边形组件循环或环形选择

用户可以通过多边形组件循环或环形选择技巧，快速地选择多边形网格上的多个组件，而不需要单独进行每一个组件的选择。

（1）顶点循环

顶点循环是通过共享边按顺序连接的顶点路径，如下左图所示。下面以球体为例，介绍如何选择循环的顶点。首先选择球体上的一个顶点，按住Shift键的同时，双击要选择的顶点循环方向上相邻边的下一个顶点，将选择每个与选定点相邻的连续顶点，从而选择球体相同纬度线或经度线上的所有顶点，如下右图所示。

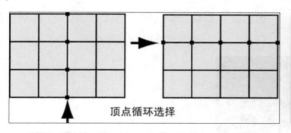

顶点循环选择

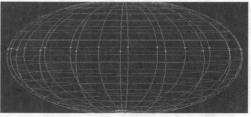

（2）循环或环形边

循环边是由其共享顶点按顺序连接的多边形边的路径，如下左图所示。若要选择球体上的一条水平或垂直边，首先选择球体上的一条边，按住Shift键的同时，双击处于相同经度线或纬度线上的相邻边，将循环选择沿球体上的相同经度或纬度线上的所有边，如下右图所示。

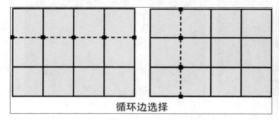

循环边选择

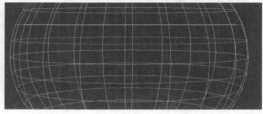

环形边是由多边形边的共享面按顺序连接的多边形边的路径，如下左图所示。若要选择球体上的环形边，则先选择球体上的一条边，按住Shift键的同时，双击与选定边同一环形路径的另一边，完成环形选择。

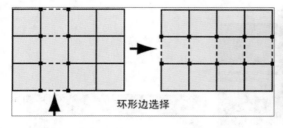

环形边选择

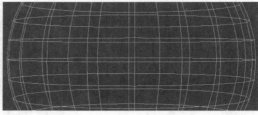

（3）面循环

面循环是多边形面按其共享边顺序连接的路径，如下左图所示。若要选择球体上的循环面，首先选择球体上的一个面，按住Shift键的同时，双击与选定面同一个方向的相邻面，将循环选择沿球体同一条纬度或经度线的所有面，如下右图所示。

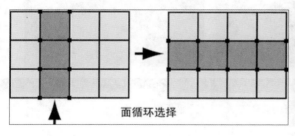

面循环选择

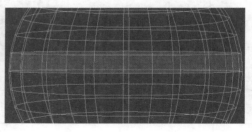

3. 更改选择类型

在Maya 2018中，选择一种组件类型后，可以在选择的基础上将其更改为对应的其他类型组件。下面以球体网格为例，介绍更改组件选择类型的具体操作方法。

步骤 01 打开Maya应用程序，选择工具架中的"多边形建模"选项卡，单击球体按钮，创建一个多边形球体，按F11功能键进入面选择模式，按住Shift键的同时，选择下左图所示的多个面。在菜单栏中执行"选择>转化当前选择>到顶点"命令，或是按下Ctrl+F9组合键。即可在选定面的基础上更改选择对应的顶点，如下右图所示。

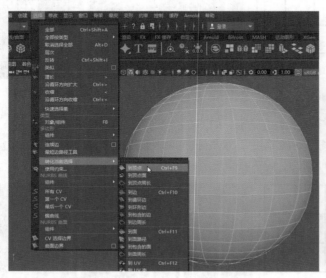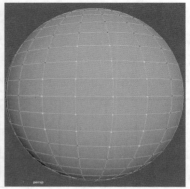

步骤 02 用户也可以打开"建模工具包"面板，在"边选择"模式中选择多个边，按住Ctrl键的同时，单击"建模工具包"面板中的"顶点选择"模式按钮，如下左图所示。即可在选定边的基础上更改选择对应的顶点，如下右图所示。

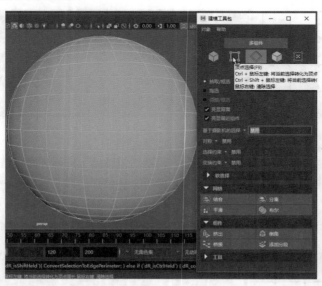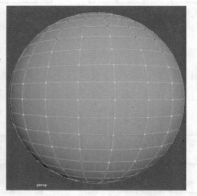

> **提示："建模工具包"面板**
>
> 用户可以通过单击状态行中的"显示/隐藏建模工具包"按钮，打开"建模工具包"面板。

2.2.2 编辑多边形法线

法线是指垂直于曲线或曲面上每个点的理论虚线。在Maya中，法线用于确定多边形面的方向（面法线），或确定面的边着色后彼此之间如何可视化显示（顶点法线），它们对于确定多边形面的内部和外部非常重要。

- **面法线**：面周围的顶点顺序决定了面的方向，当以顺时针方向放置顶点时，面法线指向下方，而以逆时针方向放置顶点时，面法线指向上方。着色或渲染多边形时，面法线决定了如何从曲面反射灯光及由此产生的着色，如下左图所示。

- **顶点法线**：顶点法线可以确定多边形面之间的可视化柔和度或硬度，与面法线不同的是，顶点法线不是多边形所固有的，而是为了反映Maya在平滑着色处理模式下如何渲染多边形，如下右图所示。

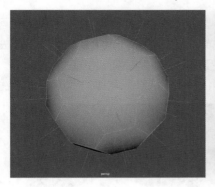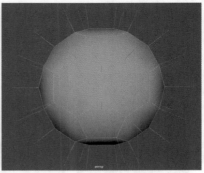

1. 显示多边形法线

在Maya中，用户如果想要查看模型法线，可以选择模型后，在主菜单栏中执行"显示>多边形"命令，单击子菜单上部的虚线，如下左图所示。从而提取出"多边形"面板，从面板列表中选择"面法线"或"顶点法线"选项即可，如下右图所示。

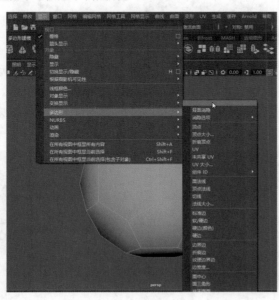

此外，用户也可以单击上右图所示的"多边形"面板列表中的"自定义多边形显示"选项，打开"自定义多边形显示选项"对话框，勾选顶点或面选项区域中的"法线"复选框，再单击"应用"按钮，即可在对象上显示顶点法线或面法线。

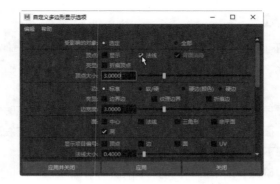

2. 反转多边形法线

用户在操作模型的过程中，有时会发现模型的某些面出现黑色显示等问题，而这些面可能存在法线与其他面法线不一致的情况，这时需要对这些面进行反转面法线操作，下面介绍具体操作方法。

步骤 01 打开Maya应用程序，选择下左图面板中的"足球"选项，在视图中创建一个足球。

步骤 02 按F11功能键，选择要反转的面，在菜单栏中执行"网格显示>反转"命令，如下右图所示。

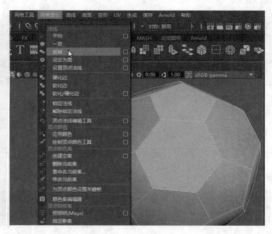

步骤 03 执行显示多边形面法线操作，可观察到选定面的法线已被反转，且为黑色显示，如下左图所示。

步骤 04 用户若在视图菜单栏中勾选"照明"下的"双面照明"复选框，Maya会自动使对象具有双面，如下右图所示。但由于从程序技术上讲多边形只能从前面可见，因此通常情况下用户需关闭灯光照明下的双面照明，或是对网格禁用双面行为，才能正确显示和判断模型面法线是否反转。

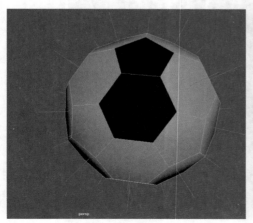
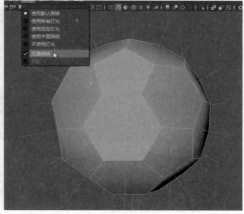

3. 硬化或软化边

在Maya中，用户可以利用顶点法线硬化或软化多边形着色。选择多边形，在菜单栏中执行"网格显示>硬化边"命令，或是执行"软化边"命令，即可修改多边形的着色。

● **软化边**：使选定边在着色模式中显得柔和，如下左图所示。
● **硬化边**：使选定边在着色模式中显得尖锐，如下右图所示。

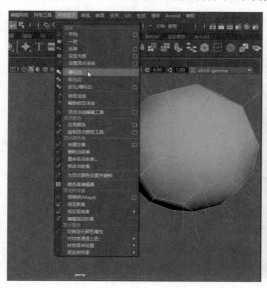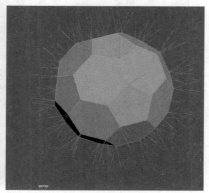

4. 法线的锁定

在Maya中，选择多边形顶点后，在菜单栏中执行"网格显示>锁定法线"或"网格显示>解除锁定法线"命令，即可将选定的顶点法线锁定或解除锁定到当前方向。

5. 强制调整法线方向

在Maya中，选择多边形顶点后，在菜单栏中单击"网格显示>设置顶点法线"后的设置按钮，或执行"网格显示>顶点法线编辑工具"命令，通过输入数字值或调整操纵器来强制调整顶点法线方向。

2.2.3 显示多边形计数

用户可以使用"题头显示"功能在场景中显示多边形对象的多边形数，即在视图中显示多边形顶点、边、面、三角形和UV的数量，且不遮挡对象视图。具体操作方法为：在菜单栏中执行"显示>题头显示>多边形计数"命令，如下左图所示。即可在视图中显示多边形计数，如下右图所示。

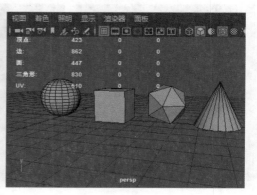

2.3 编辑多边形对象

在Maya中，创建好初步的多边形模型后，用户可以利用菜单栏中的"网格"和"网格工具"命令对模型进行相应的修改，因这两个菜单中大部分命令的应用对象为多边形对象级别，也有少部分能用于多边形组件层级，故本节将重点介绍如何利用这两个菜单命令编辑多边形对象层级，而编辑多边形组件层级的相关内容将在下一节中进行单独分析介绍。

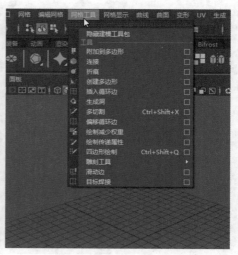

2.3.1 布尔运算

在Maya中，用户可以在菜单栏中执行"网格>布尔"命令对多边形对象进行编辑操作，该命令包括"并集""差集"和"交集"三个布尔运算，如下图所示。通过这些布尔运算，用户可以很便捷地对多个对象执行相加、减去或相交操作，从而将其组合形成其他建模技术很难创建的复杂新形状。

- **并集**：将运算对象相交或重叠的部分删除，并将执行运算对象的体积合并，如下左图所示。
- **差集**：从基础（最初选定的）对象中移除与运算对象相交的部分，如下中图所示。
- **交集**：将运算对象相交或重叠的部分保留，删除其余部分，如下右图所示。

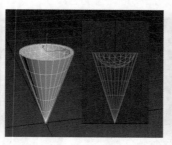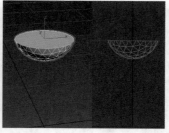

根据上述介绍，用户可以利用布尔运算制作雪人模型，在制作过程中，主要运用"并集"功能制作雪人主体部分，运用"差集"功能制作纽扣模型，具体操作如下。

步骤 01 打开Maya应用程序，勾选菜单栏中"创建>多边形基本体"下的"交互式创建"复选框，单击工具架中"多边形建模"选项卡的球体按钮，在前视图中创建下左图所示的多个球体对象。

步骤 02 按下Ctrl+Shift+A组合键，选择所有创建的球体对象，在菜单栏中执行"网格>布尔>并集"命令，将多个对象体积合并形成一个对象，如下右图所示。

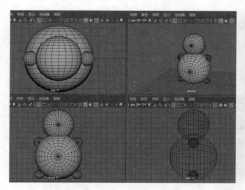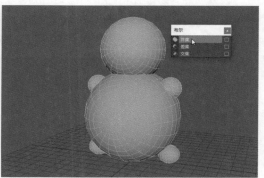

步骤 03 单击工具架中"多边形建模"选项卡的圆柱体按钮，在前视图中创建下左图所示的多个圆柱体，并在通道盒中修改圆柱体的"半径""高度"和"轴向细分数"值。

步骤 04 选择所有创建的圆柱体对象，在选择的过程中应注意要先选择半径值最大的圆柱体，接着在菜单栏中执行"网格>布尔>差集"命令，执行"差集"操作，如下右图所示。

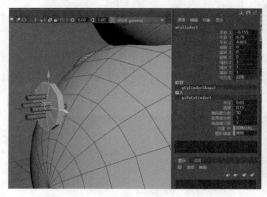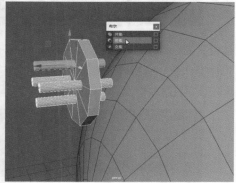

步骤 05 选择执行"差集"操作后的对象，按下Ctrl+D组合键进行复制，然后使用移动、旋转工具调整对象的位置，效果如下左图所示。

步骤 06 使用工具架中"多边形建模"选项卡的圆锥体和球体工具，在视图中创建雪人鼻子、嘴巴和眼睛模型，效果如下右图所示。

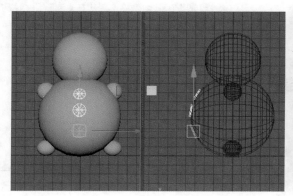

2.3.2 结合和分离对象

通常情况下，在Maya中对多边形组件执行各种编辑操作之前，必须先将两个或多个多边形网格组合成一个多边形网格对象，例如在使用"细分曲面代理"命令镜像创建多边形网格后，若要合并该模型的两个镜像部分的边或顶点，必须先将两个对象结合到一个对象中，具体操作如下。

选择要组合在一起的两个多边形对象，在菜单栏中执行"网格>结合"命令，如下左图所示。完成上述操作后，两个对象即可结合为一个对象，效果如下右图所示。

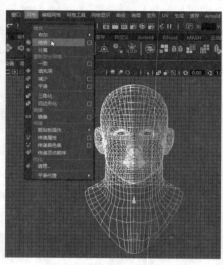

与"结合"命令恰恰相反的是"分离"命令，该命令可以将多边形对象中的组成元素分离为独立的个体对象。具体操作是：选择一个多边形对象后，在菜单栏中执行"网格>分离"命令，即可将多边形组成元素分离出来，下图为"分离"操作的示意过程。

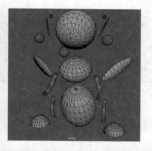

提示：组件的分离

用户要注意的是，菜单栏中的"网格>分离"命令用于将一个多边形对象分离成多个多边形对象，若想在多边形组件层级执行分离操作，可以选择相应组件，在菜单栏中执行"编辑网格>分离"命令，即可在不生成独立多边形对象的同时将组件分离出来，下左图为选择圆柱体的一个面，下中图为直接移动该面，下右图为执行"编辑网格>分离"操作后移动该面。

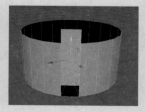

2.3.3 平滑多边形

在Maya中，可以通过不同的方法对多边形网格进行平滑操作，从而细化完善多边形对象。每种平滑方法都有各自的特点，用户可以根据模型想要达到的目的，对这些平滑方法进行选择使用。

1. 添加新的多边形平滑网格

选择多边形对象后，在菜单栏中执行"网格>平滑"命令，即可为对象添加新的多边形，从而实现细化平滑多边形网格的功能。该平滑方法最为通用和永久，但因其会在现有网格上增加多边形面数，从而也将产生最为高昂的性能成本，故该平滑方法往往在建模过程的晚期阶段进行应用，而在此之前，最好依赖永久性更低的平滑方法。

与该方法功能相反的是，选择多边形对象后，在菜单栏中执行"网格>减少"命令，可简化多边形的面数，下图分别为原始网格对象、"平滑"操作后的结果和"减少"操作后的结果。

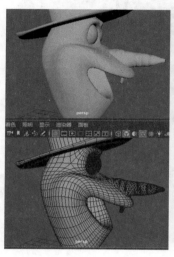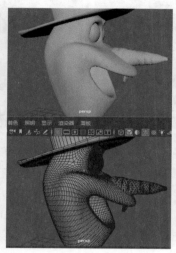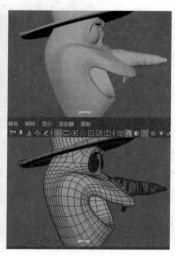

2. 平滑网格预览

平滑网格预览是一种可以快速轻松地查看多边形网格平滑效果的显示方式，具体操作是选定对象之后，按下1、2或3键，即可在不同的平滑网格预览模式之间快速切换，查看多边形网格平滑效果。

该平滑模式仅更改网格的可视化显示方式，并未实际修改或平滑原始网格，只是自动更新对原始网格所做的任何修改的平滑预览，渲染时不启用，故其适用于在执行实际平滑操作之前查看网格平滑效果。

3. 细分曲面代理

细分曲面代理是一种通过添加新的多边形并将其放置在原始未平滑网格（即代理）内来平滑选定网格的平滑方法。当用户通过创建细分曲面代理来平滑网格对象时，该对象的平滑网格和原始网格将同时显示，且默认情况下，原始网格为半透明显示，以便透过原始网格查看下方的平滑网格，如下左图所示。

　　用户若要创建细分曲面代理，可以在选择一个网格对象后，在菜单栏中执行"网格>平滑代理>细分曲面代理"命令，平滑选定的多边形网格，如下右图所示。与使用平滑网格预览时获得的平滑预览不同，网格细分曲面代理的结果完全可渲染，并且可以为动画执行蒙皮和权重。

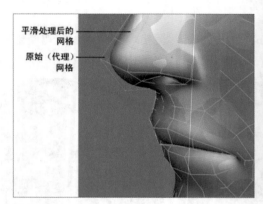

　　细分曲面代理还允许用户以镜像的方式创建网格，然后修改镜像对象的一半网格，使对象的另一半网格随之发生更改，此方法适用于创建具有对称结构的模型，下面介绍该方法的基本操作步骤。

步骤01 打开Maya应用程序，单击"多边形建模"工具架下的多边形立方体按钮，创建一个立方体。按F11功能键进入面选择模式，选择一个面并按Delete键删除，结果如下左图所示。

步骤02 保持多边形的选定状态，单击菜单栏中"网格>平滑代理>细分曲面代理"后的设置按钮，如下右图所示。

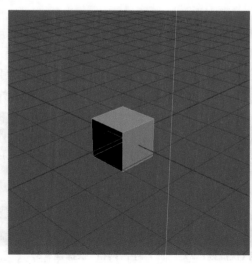
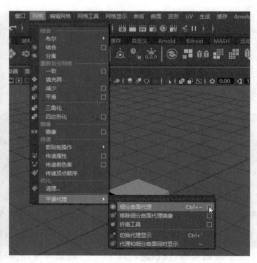

步骤03 在打开的"细分曲面代理选项"对话框中，将"镜像行为"设置为"完全""镜像方向"设置为+Z，然后单击"平滑"按钮，如下左图所示。在随后返回的视图中可观察到模型通过细分曲面代理后的镜像效果，如下右图所示。

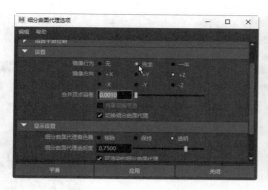 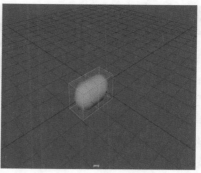

步骤 04 修改细分曲面代理其中一半的网格，所做的修改将自动更新到另一半网格上，如在面选择模式下选择下左图所示的面，并在菜单栏执行"编辑网格"菜单列表中的"挤出""变换"命令。

步骤 05 完成模型创建后，用户若要合并镜像模型的两个部分，可以在选择任一部分后，单击菜单栏中"网格>平滑代理>移除细分曲面代理镜像"后的设置按钮，在弹出的对话框中将"镜像方向"设置为+Z，单击"应用"按钮即可合并模型，如下右图所示。

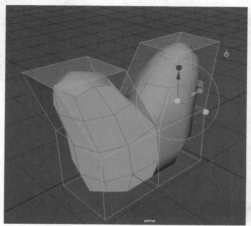 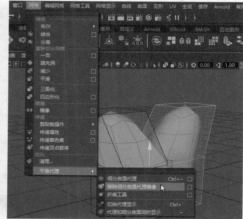

2.3.4　三角形化和四边形化

由2.1.1小节中的多边形建模原则可知，使用多边形建模方法创建模型时，通常由三角形或四边形组成的模型在后期渲染时既可避免出现扭曲等错误，也可提高渲染效率。当模型存在多于四条边的面时，可在菜单栏中执行"网格>三角形化或四边形化"命令，即可快速将其三角形化或四边形化，如下左图所示。下右图为单击"网格>四边形化"后的设置按钮后打开的"四边形面选项"对话框。

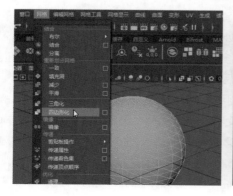 

2.4 编辑多边形组件

在上一节中，主要为用户介绍了一些常用的编辑多边形对象层级的操作命令，因这些命令远远不能满足用户创建更为复杂模型的需求，故本节将为用户介绍一些常用于编辑多边形组件层级的操作命令，它们有着更为复杂的参数设置及功能效果。编辑多边形组件命令大多存在于菜单栏的"编辑网格"中，如右图所示。这些命令的作用需要用户多加练习体会，下面根据该菜单栏中的分类，为用户逐一介绍这些命令的大致功能和作用。

（1）"组件"菜单组

"组件"菜单组中的命令适用于顶点、边和面组件层级，或是上述三者中的两个层级，其中倒角、挤出、合并、变换命令较为常用。

- **添加分段**：该命令常用于面或边组件层级，根据组件类型，可以按指数或线性方式对选定的组件进行细分或分割操作。在边组件层级下，选定边后只能按照线性方式在边上添加顶点从而细分边；在面组件层级下，选定面后，用户可以通过单击"添加分段"后的设置按钮，打开相应的对话框设置指数或线性分段的参数。

- **倒角**：沿当前选定的边或面创建倒角多边形，是最为常用的命令之一，下文将为用户详细介绍倒角操作的相关参数。

- **桥接**：该命令允许用户在选定的成对边界边之间通过构建多边形的方式将选定边连接起来，而生成的桥接多边形网格与原始多边形网格组合在一起，且它们之间的边会进行合并，主要用于边组件层级，也可用于面组件层级。

- **圆形圆角**：将当前选定的组件（包括顶点、边或面）重新组织为完美的几何圆形，且选定组件的中心为该圆形中心，适用于直接从现有形状构建结构，下图为该命令的应用示意图。

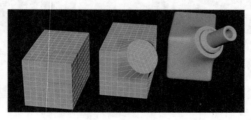

- **收拢**：在选定组件的基础上收拢边，然后单独合并每个收拢边关联的顶点，适用于面组件层级，但在用于边层级时能够产生更理想的效果。

- **连接**：该命令可以在选定的顶点或边之间通过边将其连接起来，在顶点层级中直接以选定的顶点为端点生成连接边，而在边层级中将在选定边的中点处生成连接边。

- **分离**：选择顶点后，根据顶点共享的面的数目，将多个面共享的所有选定顶点拆分为多个顶点；选择边后，将选定的边拆分为两条重叠的边；选定面后，将沿其周长边分离面选择。

- **挤出**：从选定的顶点、边或面上拉出新的多边形，用于变换和重新定型新多边形。

- **合并**：将位于指定阈值距离内的选定边或顶点合并起来，例如将两个选定边合并为一个共享边。

- **合并到中心**：可将选定的顶点合并，使它们成为共享顶点，并且还将合并任何关联的面和边，生成的共享顶点位于原始选择的中心。

- **变换**：可以相对于法线移动、旋转或缩放多边形组件（边、顶点、面和UV）。

● **翻转：** 沿对称轴交换选定组件与其镜像组件的位置，如下左图所示。

● **对称：** 将选定组件沿对称轴移动到相应组件的镜像位置，如下右图所示。

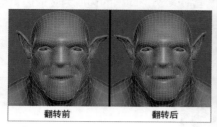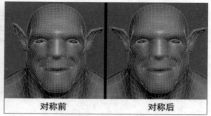

（2）"顶点"菜单组

● **平均化顶点：** 通过移动顶点的位置平滑多边形网格，与菜单栏下的"网格>平滑"命令不同，该命令不增加网格中的多边形数量。

● **切角顶点：** 将一个顶点替换为一个平坦的多边形面。

● **对顶点重新排序：** 可用于对多边形对象上的顶点ID进行重新排序。

（3）"边"菜单组

● **删除边/顶点：** 将选定的组件从多边形网格中删除，可用于边或顶点组件。

● **编辑边流：** 调整现有边的位置以适合周围网格的曲率，下图为不同边流示意图。

● **翻转三角形边：** 在多边形网格中，选择由两个三角形组成的四边形的对角边，执行该操作后可以反转原有对角边到另一对角边上。

● **反向自旋边/正向自旋边：** 将选定边按与其缠绕方向相反或相同的方向自旋选定边。

（4）"面"菜单组

● **指定不可见面：** 可将选定面切换为不可见，即在场景中不显示，但其仍然存在且可对其执行操作。

● **复制：** 创建选定面的新的单独副本，可通过"复制面选项"对话框设置复制出的面是否分离。

● **提取：** 从关联网格中分离出选定面，提取出的面成为现有网格内单独的壳。如果在对象模式下选择网格，网格和提取的所有面都将选定。

● **刺破：** 分割选定面以推动或拉动原始多边形的中心，如将一个四边形分割为4个共享一个顶点的三角形，该共享顶点处于四边形中间，用户可通过操纵器进一步变换共享顶点的位置。

● **楔形：** 在多组件层级下，先选定一面再在该面上加选一边，然后执行"楔形"命令，将以选定边为轴拉动选定面，形成楔形模型，下图即为该命令的操作示意。

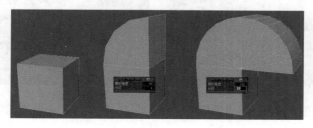

2.4.1 执行倒角操作

倒角命令可以将选定的顶点或边展开为一个新面，或使多边形网格的边成为圆形边，也可在面组件层级使用倒角命令编辑多边形面。用户可以单击菜单栏中"编辑网格>倒角"后的设置按钮，打开"倒角选项"对话框，如下左图所示。或直接执行倒角命令后，在视图中显示的面板中对倒角参数进行相应设置，如下右图所示。

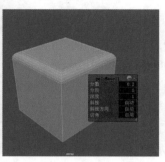

- **对边或面倒角**：对选定边或选定面的周长边进行倒角，下图分别为倒角边和倒角面。

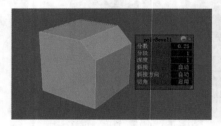

- **分段**：确定沿倒角多边形的边创建的分段数量，可使用滑块或输入值更改分段的数量，默认值为1。

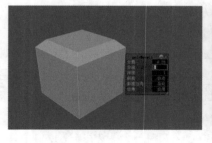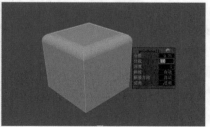

- **深度**：调整向内（当该值为负时）或向外（当该值为正时）倒角边的距离，默认值为1，如下图所示。

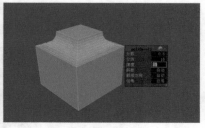

- **切角**：用于指定是否要对倒角边进行切角即倾斜处理，默认设置为启用切角，如下图所示。

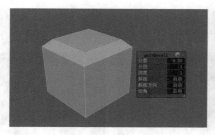 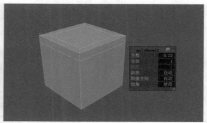

2.4.2 执行挤出操作

挤出是多边形建模过程中较为常用的操作命令之一，该操作通过对选定的多边形顶点、边或面执行挤出命令，从而将新创建的多边形添加到现有网格中。如对多边形网格上的选定面执行向内或向外挤出时，Maya会根据参数设置，在现有面的侧边上创建新的连接面，下图分别为原始多边形网格及对多边形网格的顶点、边或面执行挤出操作的效果示意。

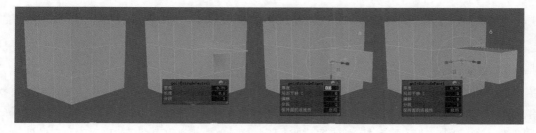

用户除了可以在菜单栏中执行"编辑网格>挤出"命令进行挤出操作外，还可以通过单击"建模工具包"中的"挤出"按钮，或是在组件选择模式下选择相应组件，在按住Shift键的同时单击鼠标右键，从弹出的热盒中执行挤出操作，下图分别为这三种方法的示意。

  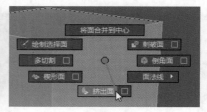

2.4.3 执行合并操作

使用菜单栏中的"编辑网格>合并"和"编辑网格>合并到中心"命令，可以合并预先选择的顶点或边。前者适用于合并非常接近或重叠的组件，如将多边形网格与其镜像副本合并；而后者适用于填充洞或创建点。

- **合并**：将位于指定阈值距离内的选定顶点或边合并起来，形成共享顶点或边，下图分别为对顶点和边组件执行合并命令的结果。

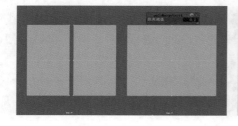 

- **合并到中心**：选择要合并到中心点的顶点或者毗邻这些顶点的边或面，执行"合并到中心"命令，可将顶点、边或面合并为单个顶点，下图分别为对顶点、边和面组件执行该操作的结果。

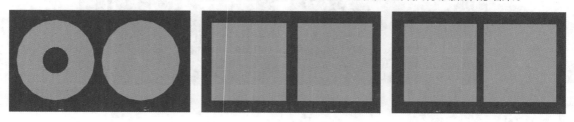

 ## 知识延伸：生成洞与填补洞工具

生成洞与填补洞工具在制作模型时会经常用到，掌握好这两种工具的使用方法可以提高用户的工作效率。

1. 生成洞工具

在某些特殊情况下，可以使用生成洞工具在多边形物体表面创建一个洞，创建一个洞并不会修改此物体的其他属性，下面对生成洞工具的使用方法进行介绍。

步骤01 新建一个场景，然后执行"网格工具>创建多边形"命令，创建两个多边形平面，在创建时一定要保证它们在同一水平面上，如下左图所示。

步骤02 选中两个多边形平面，执行"网格>结合"命令，可以看到两个平面变为一个平面，然后执行"网格工具>生成洞"命令，单击其中的一个点，平面中心会被剪裁掉，如下右图所示。

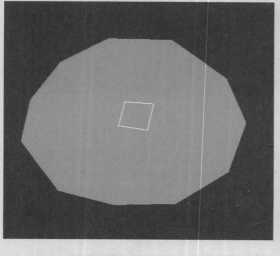 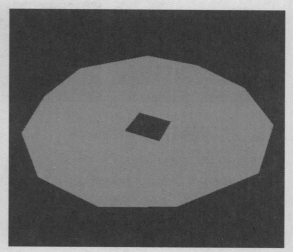

2. 填补洞工具

在模型的创建过程中，用户可以使用填补洞工具来对空缺的面进行填补。下面对填补洞工具的使用方法进行介绍。

步骤01 创建一个新的场景，然后创建一个多边形球体，删掉其中的一个面，如下左图所示。

步骤02 选中模型，执行"网格>填充洞"命令，可以看到空缺的面被成功修补了，如下右图所示。

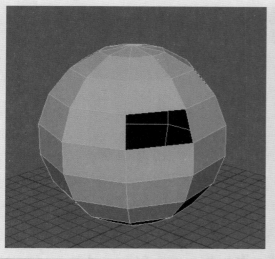 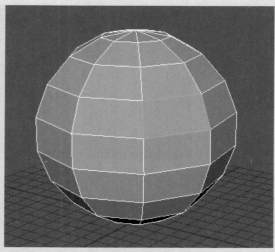

上机实训:制作暖壶模型

通过对本书内容的学习,相信用户对多边形建模的方法有了一定的了解,下面将通过具体实例介绍如何制作暖壶模型,操作过程如下。

步骤01 创建一个多边形圆柱体,在属性编辑器面板修改它的"轴向细分数"为12,如下左图所示。

步骤02 选择上面的面,执行"编辑网络>挤出"命令,然后向上进行挤出,如下右图所示。

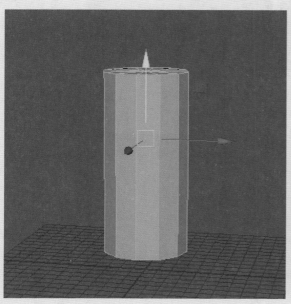 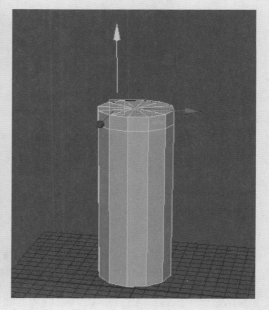

步骤03 使用上述方法继续挤出,使用移动工具对挤出的面进行移动操作,如下左图所示。

步骤04 选择中间的线,执行"编辑网络>倒角"命令,修改倒角边"分数"数值,如下右图所示。

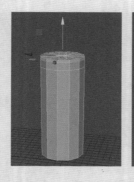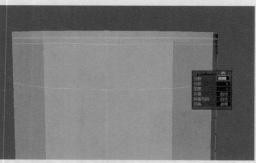

步骤 05 选择上面的面继续执行挤出操作，效果如下左图所示。

步骤 06 选择图中的面，向外进行挤出，如下右图所示。

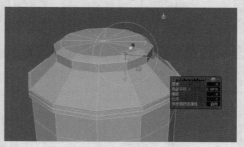

步骤 07 选中模型，执行"网格工具>插入循环边"命令，插入两条循环边，如下左图所示。

步骤 08 选择插入的两条线，然后使用缩放工具修改其大小，如下右图所示。

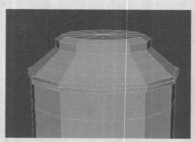

步骤 09 选中下左图所示的边，执行"编辑网络>倒角"命令。

步骤 10 按下数字键3，效果如下右图所示。

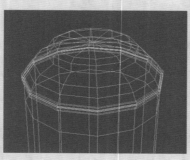

步骤 11 创建一个多边形圆柱体，在属性编辑器面板修改它的"轴向细分数"为12，放于暖壶底部，如下左图所示。

步骤 12 通过前面所介绍的方法制作出暖壶的底座，如下右图所示。

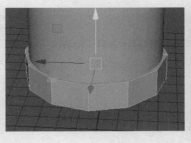 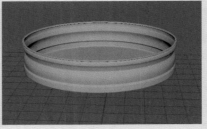

步骤13 创建一个多边形圆柱体，然后使用"插入循环边""挤出"命令，制作出暖壶盖，如下左图所示。

步骤14 选中下右图所示的面，然后执行"编辑网格>挤出"命令。

 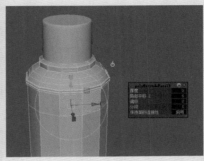

步骤15 使用"挤出面""合并顶点""插入循环边"命令进行操作，效果如下左图所示。

步骤16 使用之前所讲的方法制作出暖壶柄的效果，如下右图所示。

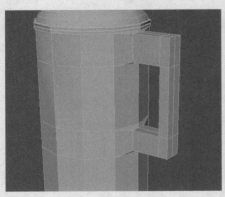 

步骤17 选择所有模型，执行"网格>结合"命令，如下左图所示。

步骤18 选择模型，执行"网格>平滑"命令，设置平滑"分段"数值为1，最终效果如下右图所示。

课后练习

1. 选择题

（1）用户可以通过（ ）方式创建多边形基本体。

    A. 主菜单栏命令   B. 工具架

    C. 热盒菜单   D. 以上方式都可以

（2）在使用交互式方式创建多边形基本体的过程中，用户可以按（ ），同时拖动鼠标左键，将以光标或光标所在水平面为基础点或基础平面增大模型。

    A. Ctrl键   B. Shift键

    C. Alt键   D. Ctrl+Shift组合键

（3）创建多边形基本体后，用户可以按下（ ），进入边选择模式。

    A. F8功能键   B. F9功能键

    C. F10功能键   D. F11功能键

（4）下面选项中的（ ）操作可以将运算对象相交或重叠的部分保留，删除其余部分。

    A. 并集   B. 差集

    C. 交集   D. 结合

（5）用户可以通过按下（ ），快速对多边形执行挤出操作。

    A. Ctrl+B组合键   B. Ctrl+E组合键

    C. Ctrl+Shift+X组合键   D. Ctrl+Shift+Q组合键

2. 填空题

（1）多边形模型是由许多单独的多边形组成，这些多边形组合形成一个多边形网格，_____、_____、_____是构成多边形的基本组件。

（2）多边形建模时，通常使用_____或_____来进行模型的构建。

（3）在Maya中，用户除了可以使用系统提供的基本体进行模型的创建加工外，还可以利用菜单栏中"创网格工具"下的_____命令，从顶点开始绘制多边形网格，而不是从基本体形状开始创建。

（4）用户可以在菜单栏中执行_____命令，从而硬化或软化多边形着色。

3. 上机题

    本章介绍了多边形的建模方法，大家可以根据本章所讲内容制作一个小茶壶模型，参照图片如下左图所示，效果如下右图所示。

第3章 NURBS建模技术

本章概述

本章将对Maya中的NURBS建模技术进行介绍，NURBS曲面建模主要用于工业造型和生物有机模型的创建，在制作模型时会经常用到NURBS建模技术。通过对本章知识的学习，可以为今后制作更高级别难度的模型打下良好的基础。

核心知识点

❶ 掌握创建NURBS基本体与曲线的方法
❷ 掌握编辑NURBS曲线的方法
❸ 掌握NURBS一般成形法
❹ 掌握NURBS特殊成形法
❺ 掌握编辑NURBS曲面的方法

3.1 NURBS建模基础

NURBS建模技术是一种非常优秀的建模方式。Maya作为一款高级三维软件，支持用户采用NURBS建模方式进行模型的创建。与传统的多边形网格建模方式相比，NURBS建模方式可以更好地控制模型表面的曲线度，适合创建含有复杂曲线的曲面模型，模型造型也更为逼真和生动。

3.1.1 NURBS概述

NURBS是非均匀有理B样条线（Non-Uniform Rational B-Splines）的英文缩写，是一种可以用来创建3D曲线和曲面的几何体类型。在Maya中，用户可以通过以下两种方法进行NURBS建模。

1. 从NURBS基本体构建三维模型

该建模方法与多边形建模技术中的基本体向上建模法相似，都是以基本体作为模型创建的起始点。NURBS基本体包括常见的三维几何形状，如球体、立方体、圆柱体、圆锥体等，这些基本体可以作为许多三维模型的重要出发点，用户可以通过编辑它们的属性来修改其形状，也可以使用修剪工具修剪基本体的形状、对基本体的边进行倒角操作，或使用雕刻工具将基本体雕刻为不同形状。

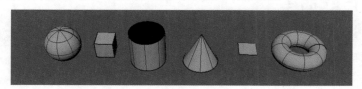

2. 从曲线构建三维模型

该建模方法允许用户构建基于NURBS曲线的三维曲面，即利用曲线定义要构建的三维曲面的基本轮廓，然后通过修改和编辑这些曲线来更改曲面造型。此外，由于用于构建曲面的曲线具有相应的平滑和最小特性，因此对于构建各种有机三维形状非常实用。

在Maya中，用户若要将二维曲线转化成三维曲面，可以利用一般成形法（包括旋转、放样、挤出等）和特殊成形法（包括双轨成形、倒角等）达到此目的，而这两种方法将在3.3和3.4章节中进行系统介绍。

> **提示：NURBS三维数据的导入和导出**
>
> 在Maya中，用户可以通过IGES文件格式轻松地将NURBS 三维数据类型导入到CAD应用程序中。反之，Maya也可以从CAD应用程序中导入各种Bezier和NURBS数据类型来进行模型的创建。

3.1.2 创建NURBS基本体

在Maya中，用户可以通过"创建>NURBS基本体"菜单、工具架或交互方式来创建称为NURBS基本体的预定义三维几何形状，这些基本体既可以按原样使用，也可以用作三维建模的起点。因创建NURBS基本体与创建多边形基本体的方法大同小异，故在此将不再一一赘述创建这些基本体的各种方法，而以使用"创建>NURBS基本体"菜单创建球体为例进行相应介绍。

步骤 01 在主菜单栏中执行"创建>NURBS基本体>球体"命令，如下左图所示。即可在X、Y、Z坐标原点处创建一个NURBS球体基本体，且默认情况下处于选定状态，如下右图所示。

步骤 02 用户也可以在执行"创建>NURBS基本体"命令后，从子菜单列表中单击球体后的选项框，如下左图所示。打开"NURBS 球体选项"对话框进行创建参数的设置，如下右图所示。

 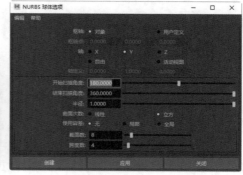

3.1.3 创建NURBS曲线

在Maya中，用户可以以曲线为起点来构建三维模型，而要创建这些曲线，就需借助一些曲线创建工具来完成相关创建工作，下面将为用户具体介绍这些曲线创建工具的应用。

1. CV 曲线工具

该工具是以放置CV控制顶点来控制曲线形态。用户可以在菜单栏中执行"创建>曲线工具>CV曲线工具"命令，然后单击鼠标左键来放置这些CV，从放置的第三个CV之后的每个CV都将绘制曲线的形状。

2. EP 曲线工具

若要使所绘制的曲线通过某个特定点，可以选择使用EP曲线工具。该工具通过放置编辑点来绘制NURBS曲线，然后再根据指定编辑点的位置来计算CV的位置。用户可以在菜单栏中执行"创建>曲线工具>EP曲线工具"命令，或是单击工具架中的相应图标，如下左图所示。然后再单击鼠标左键依次放置编辑点，Maya将根据用户放置的第一个编辑点之后的每个编辑点来绘制曲线的形状，最后按Enter键完成曲线绘制，如下右图所示。

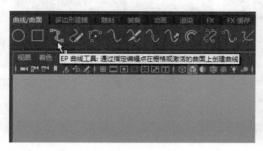 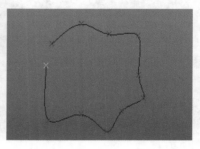

3. Bezier 曲线工具

用户可以使用Bezier 曲线工具创建Bezier曲线。该工具是通过放置Bezier定位点来绘制曲线，用户可以通过编辑定位点的位置或操纵定位点上的切线控制柄来更改曲线形状。用户可以在菜单栏中执行"创建>曲线工具>Bezier曲线工具"命令，或是单击"曲线/曲面"工具架中的"Bezier 曲线工具"图标按钮来使用该工具，如下左图所示。绘制的曲线如下右图所示。

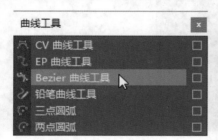 

4. 铅笔曲线工具

有时候，用户可以使用铅笔曲线工具徒手绘制NURBS曲线。在菜单栏中执行"创建>曲线工具>铅笔曲线工具"命令，或是单击"曲线/曲面"工具架中的"铅笔曲线工具"图标按钮，如下左图所示。接着拖动鼠标以绘制曲线草图，松开鼠标即可完成曲线的绘制，如下右图所示。

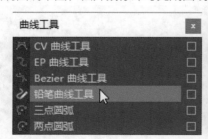 

5. 三点/两点圆弧工具

在Maya中，用户可以使用三点/两点圆弧工具进行圆弧的创建，这两个工具通过指定三个或两个端点，然后操纵中心点或半径来创建圆弧。下图分别为使用上述两个工具创建的圆弧曲线。

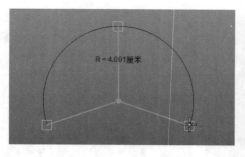 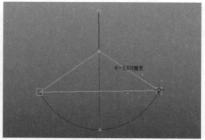

　　根据上述介绍，用户可以利用EP 曲线工具创建花瓶曲线，在制作过程中，可以导入花瓶背景图片，依据参考图片进行曲线创建，具体操作如下。

步骤 01 打开Maya应用程序，切换至前视图，在视图顶部的面板菜单栏中执行"视图>图像平面>导入图像"命令，如下左图所示。

步骤 02 在随即打开的对话框中选择随书配套光盘中的相应图片，单击"打开"按钮，完成图像导入操作，如下右图所示。

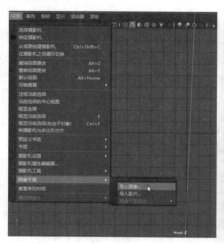 

步骤 03 在菜单栏中执行"创建>曲线工具>EP 曲线工具"命令，使用该工具沿着图像中花瓶轮廓勾勒出基本曲线，如下左图所示。

步骤 04 按Enter键完成曲线创建，然后按住鼠标右键，选择"编辑点"选项，进入编辑点模式，对编辑点进行相应的移动，完善花瓶轮廓线，如下右图所示。

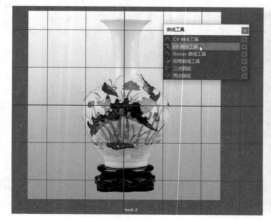 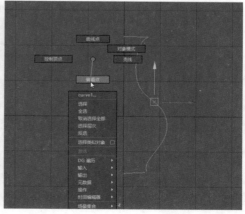

步骤 05 接着利用曲线的 "偏移" "附加" "插入结" 等编辑命令对创建的曲线进行相应的编辑操作，编辑完成后再利用NURBS曲线一般成形法中的旋转法进行旋转，创建出花瓶实体模型，花瓶模型的最终效果如右图所示。

3.2　编辑NURBS曲线

　　由二维曲线构建三维模型的过程中，因曲线是控制三维曲面外观的基础，故曲线的形态和质量将直接影响三维曲面的成形效果。因此，用户在将二维曲线转化为三维模型前，可以先利用一些曲线编辑工具对所创建的曲线进行相应的编辑和修改操作，方便后期造型。

3.2.1　复制曲面曲线

　　在Maya中，用户除了可以使用曲线工具手动勾勒线条外，还可以从已创建好的三维模型上复制相应的曲线进行加工编辑，具体操作如下。

步骤 01 打开随书配套光盘中的 "饮料瓶.mb." 文件，切换至前视图，选择场景中的瓶子模型，单击鼠标右键，在弹出的快捷菜单中选择 "等参线" 选项，如下左图所示。

步骤 02 在瓶子模型上单击鼠标左键，选择一个等参线，被选中的等参线呈黄色显示，接着在菜单栏中执行 "曲线>复制曲面曲线" 命令，如下中图所示。

步骤 03 切换至右视图，将复制的曲线移至模型一侧，然后对该曲线轮廓进行相应的调整，再使用曲面成形命令进行模型创建，如下右图所示。

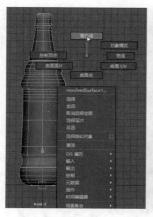  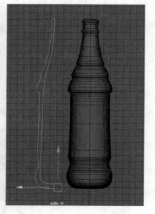

3.2.2　执行对齐操作

　　在创建好两条曲线后，用户可以利用 "曲线" 菜单中的 "对齐" 命令保持曲线位置、切线和曲率的连续性。具体操作是：选择创建好的两条曲线，在菜单栏中单击 "曲线>对齐" 后的设置按钮，打开 "对齐曲线选项" 对话框，在该对话框中进行相应的参数设置，然后单击 "对齐" 按钮，即可完成对齐操作，操作过程如下图所示。

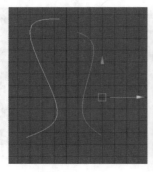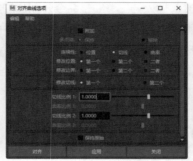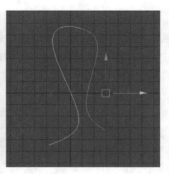

3.2.3　执行附加操作

在Maya中，用户可以使用附加命令将两个完全独立的曲线接合成一个曲线，该操作命令是曲线编辑中的常用命令之一。具体操作过程如下：选择创建好的两个曲线，在菜单栏中单击"曲线>附加"后的设置按钮，打开"附加曲线选项"对话框，设置附加参数，然后单击"附加"或"应用"按钮完成附加操作，如下图所示。

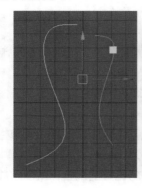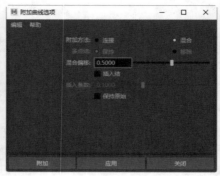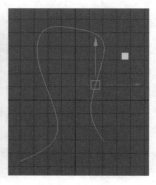

3.2.4　执行分离操作

与附加操作效果恰恰相反，分离操作可以将一条曲线分离成两个或两个以上独立曲线，分离出的每个曲线都可进行独立的编辑操作，而分离出的曲线个数视执行分离操作之前选取的编辑点个数（或是创建的曲线点个数）而定，具体操作如下。

步骤 01 选择创建好的曲线，单击鼠标右键，选择"编辑点"选项，如下左图所示。

步骤 02 选择两个编辑点，接着在菜单栏中执行"曲线>分离"命令，如下右图所示。

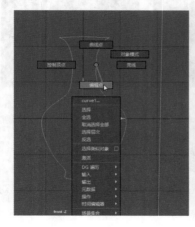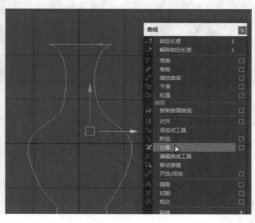

提示：分离曲线选项

选择编辑点后，在菜单栏中单击"曲线>分离"后的设置按钮，即可打开"分离曲线选项"对话框，在该对话框中勾选"保持原始"复选框，并单击"分离"按钮，即可在保持原始曲线的基础上，复制出一个与原始曲线相同的曲线并对该曲线执行分离操作。

步骤 03 此时原始曲线将以之前选取的编辑点为界，分离成两个独立的曲线，选择其中一个曲线进行移动，观察分离后的效果，如下左图所示。

步骤 04 此外，用户也可以选择创建好的曲线，单击鼠标右键，选择"编辑点"选项，如下右图所示。

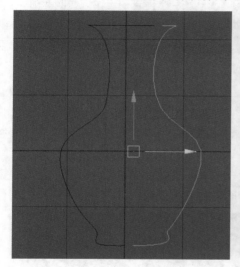
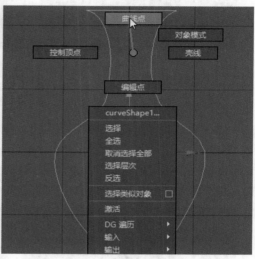

步骤 05 当曲线变为下左图所示的颜色时，在曲线上需要分离断开的某一位置处单击鼠标左键，按住Shift键的同时在另一位置处再次单击鼠标左键。

步骤 06 接着在菜单栏中执行"曲线>分离"命令，即可分离所选曲线，如下右图所示。

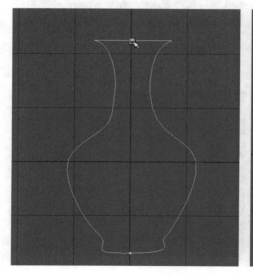
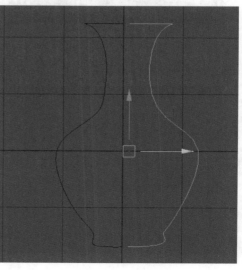

3.2.5 执行偏移操作

在Maya中，用户可以选择创建好曲线，在菜单栏中执行"曲线>偏移>偏移曲线"命令，或是单击
"曲线/曲面"工具架中的"偏移曲线"按钮，如下左图所示。执行偏移操作，创建出一个与原始曲线平行
的新曲线，如下右图所示。此外，用户可以在菜单栏中单击"曲线>偏移>偏移曲线"后的设置按钮，在打
开的"偏移曲线选项"对话框中设置偏移参数。

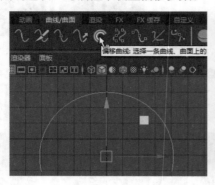 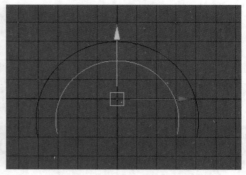

3.2.6 其他编辑操作

用户可以使用"题头显示"功能在场景中显示多边形对象的多边形数，即在视图中显示多边形顶点、
边、面、三角形和UV的数量，且不遮挡对象视图，具体操作方法为：在菜单栏中执行"显示>题头显示>
多边形计数"命令。

- **添加点工具：**使用该工具可以将点添加到选定曲线的末端，接着进行曲线的创建，如下左图所示。
- **开放/闭合工具：**该工具可以使曲线在开放和闭合周期之间进行转化，如下右图所示。

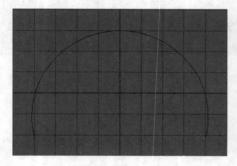 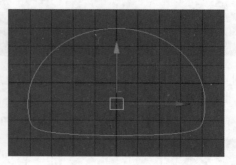

- **圆角工具：**该工具可以在两条不相交的独立曲线之间创建一条曲线，用户可以在"圆角曲线选项"
  对话框中设置相关参数，确定如何生成连接的曲线。

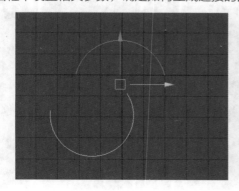 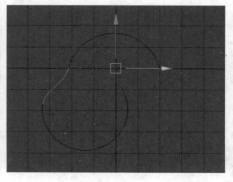

● **切割工具**：该工具可以在视图中曲线相交点的位置分割曲线，如下图所示。

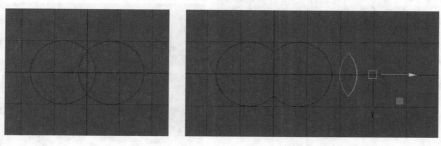

● **"相交"命令**：该命令通常与"切割""分离"和"捕捉到点"命令一起使用，它可以创建曲线点定位器，然后使两条或更多条独立曲线按某个视图或方向彼此接触或交叉。

● **"延伸"命令**：该命令可以在已创建好的曲线末端延伸曲线，或者是创建一条新曲线作为原有曲线的延伸。

● **"插入结"命令**：该命令可以在选定曲线点处插入编辑点，下左图为曲线编辑点最初状态、下中图为在创建的4个曲线点处执行"插入结"操作、下右图为执行该操作后曲线编辑点状态。

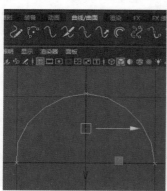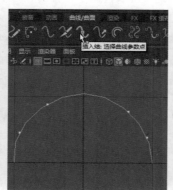

3.3 NURBS一般成形法

创建和编辑好NURBS曲线后，用户可利用NURBS曲线的一般成形法将创建好的二维曲线框架转化为三维实体模型。Maya中常用的一般成形法包括"旋转""放样""平面"和"挤出"成形法，每种成形法都有其各自的成形原理，下文将为用户一一进行介绍。

3.3.1 旋转成形法

旋转命令是一种针对二维曲线创建曲面的一般成形法，属于NURBS曲线建模中较为常用的建模方法，利用该命令可以快速、便捷地制作出一些具有高度对称性的三维模型，如酒杯、花瓶等。

下面介绍如何对"旋转曲线.mb"文件中创建好的曲线进行相应的编辑操作，并利用旋转命令创建花瓶模型，具体操作如下。

步骤01 打开"旋转曲线.mb"文件，选择创建好的曲线，单击菜单栏中"曲线>偏移>偏移曲线"后的设置按钮，如下左图所示。

步骤02 打开"偏移曲线选项"对话框，将"偏移距离"设置为0.1，单击"偏移"按钮，完成偏移操作，如下右图所示。

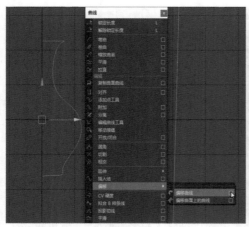
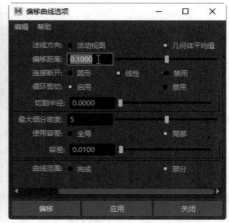

步骤 03 选择执行偏移操作后得到的曲线，按住鼠标右键，选择"编辑点"选项，选择底部编辑点，沿着Y轴向上移动该点，如下左图所示。

步骤 04 按住鼠标右键，选择"对象模式"选项，退出"编辑点"模式。接着框选场景中的两个曲线，在菜单栏中执行"曲线>附加"命令，如下右图所示。

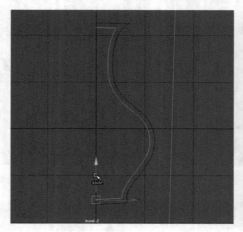
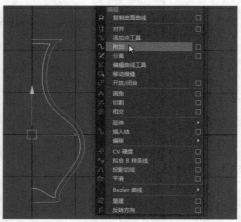

步骤 05 选择附加操作后的曲线，按住鼠标右键，选择"曲线点"选项，在适当的位置处单击，添加曲线点并执行"曲线>插入结"命令，从而将添加的曲线点转化为编辑点，然后按住鼠标右键进入"编辑点"模式，选择相应的编辑点，移动其位置，编辑完成后曲线形状及编辑点分布如下左图所示。

步骤 06 选择编辑好的曲线，在菜单栏中执行"曲面>旋转"命令，如下右图所示。

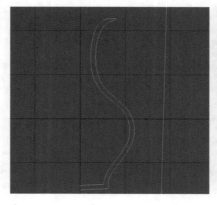
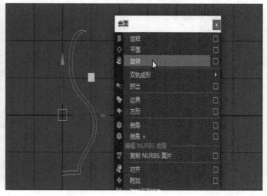

步骤 07 执行旋转操作后，会发现模型呈黑色显示，在菜单栏中执行"曲线>反转方向"命令，对其进行法线反转操作，如下左图所示。最终效果如下右图所示。

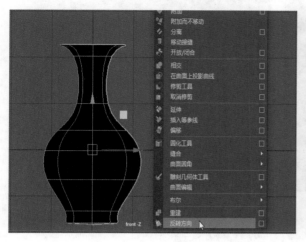 

3.3.2 放样成形法

在Maya中，放样命令可以将参与操作的多个样条线作为放样的横截面或图形，然后在这些截面图形之间生成曲面，从而创建出一个三维曲面。在执行放样操作之前，首先要创建出放样所需曲线，依次选中这些曲线，如下左图所示。接着在菜单栏中执行"曲面>放样"命令，即可创建出下右图所示的曲面。

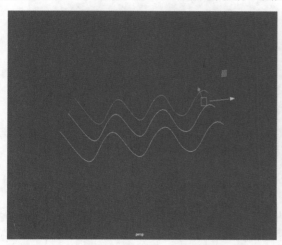 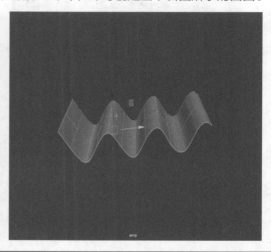

> **提示：曲线"重建"命令**
>
> 在对曲线执行放样之前，用户需注意曲线分段情况，若执行放样操作的曲线段数不相同，可以对它们执行"曲线>重建"命令，将"跨度数"统一，避免后期操作所得曲面效果不均匀。

根据上述对放样操作的介绍，打开随书配套光盘的指定文件，结合文件中给定的多条曲线，使用放样命令创建出花瓶模型，具体操作如下。

步骤 01 打开随书光盘中的"放样曲线.mb"文件，按住Shift键的同时，从下至上依次选择创建好的曲线，如下左图所示。

步骤 02 单击菜单栏中"曲线>放样"后的设置按钮，如下右图所示。

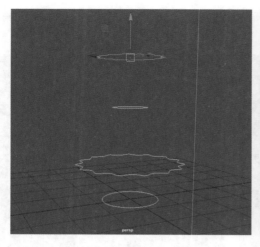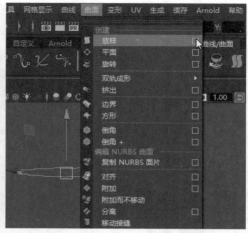

步骤 03 在随即打开的"放样选项"对话框中，对放样参数进行设置，如下左图所示。

步骤 04 单击"放样"按钮完成操作，返回视口观察模型效果，如下右图所示。

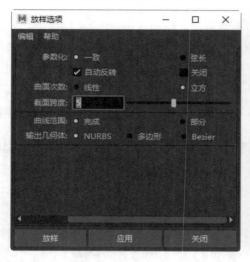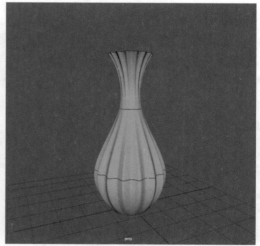

3.3.3 平面成形法

平面命令可以在封闭的边界曲线内创建出平面曲面，因此用户在执行此操作前要先确认曲线是否为闭合曲线，然后在菜单栏中执行"曲面>平面"命令即可，如下图所示。

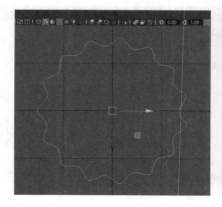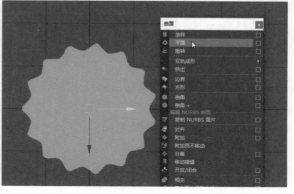

3.3.4 挤出成形法

Maya中的挤出命令，既可以将选定的曲线沿指定方向挤出一定的距离，也可以将所选曲线中的某一曲线作为路径，然后沿这个路径曲线扫描剖面曲线，从而创建曲面模型，用户可以根据下述操作步骤来理解这两种挤出操作的不同之处。

步骤 01 打开Maya应用程序，单击"曲线/曲面"工具架上的"NURBS圆形"按钮，创建一个圆形，接着单击菜单栏中"曲面>挤出"后的设置按钮，如下左图所示。

步骤 02 打开"挤出选项"对话框，设置挤出"样式"为"距离""挤出长度"为2，并将挤出方向设置为"指定""方向向量"为"Y轴"，单击"应用"按钮，如下右图所示。

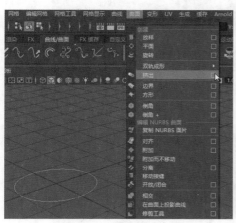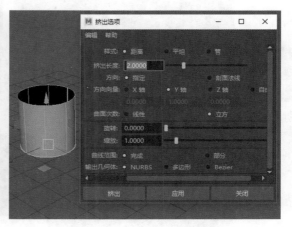

步骤 03 此外，也可在创建圆形后，切换至前视图，创建一个NURBS曲线，选择圆形后按住Shift键加选该曲线，如下左图所示。

步骤 04 单击菜单栏中"曲面>挤出"后的设置按钮，在打开的"挤出选项"对话框中设置挤出"样式"为"平坦""结果位置"为"在路径处"，单击"应用"按钮即可，如下右图所示。

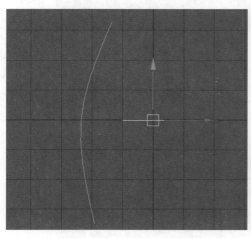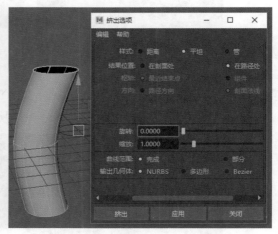

根据上述对挤出命令的介绍，打开随书配套光盘中的指定文件，利用给定的多条曲线，使用放样命令创建出吧台简模，具体操作如下。

步骤 01 打开随书光盘中的"挤出曲线.mb"文件，首先选择剖面曲线，按住Shift键的同时，选择创建路径曲线，如下左图所示。

步骤 02 单击菜单栏中"曲面>挤出"后的设置按钮，如下右图所示。

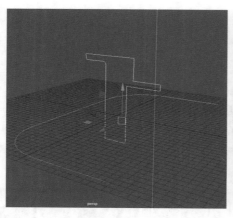
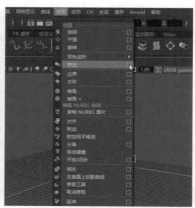

步骤 03 打开"挤出选项"对话框，设置挤出"样式"为"管""结果位置"为"在路径出""枢轴"为"组件""方向"为"剖面法线"，单击"挤出"按钮完成设置，如下左图所示。

步骤 04 选择挤出操作得到的模型，按住鼠标右键不放，从弹出的热盒菜单中选择"等参线"选项，如下右图所示。

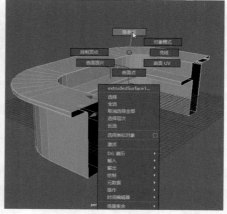

步骤 05 选择模型两个端口中的任意一个等参线，然后在菜单栏中执行"曲面>平面"命令，对模型端口进行封口操作，如下左图所示。

步骤 06 选择另一等参线，执行上述相同的操作，若封口操作所得面的法线方向与原模型相反，可在菜单栏中执行"曲面>反转方向"命令，模型效果如下右图所示。

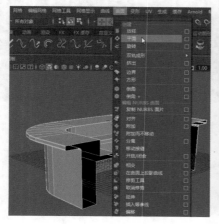
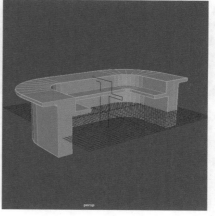

3.4　NURBS特殊成形法

　　与NURBS曲线的一般成形法相比，NURBS曲线的特殊成形法可以将更为复杂的二维曲线转化为三维曲面模型。Maya中常用的特殊成形法包括"双轨成形""倒角""边界"和"方形"四种，这些成形法可以利用各自的成形原理生成三维曲面，其中"双轨成形"和"倒角"是最为常用的两种方法。

3.4.1　双轨成形法

　　"双轨成形"法是一种通过沿两条路径曲线扫描一系列剖面曲线创建曲面的建模方法，该方法生成的曲面可以与其他曲面保持连续性。Maya中有三种"双轨成形"工具，如右图所示，用户可以根据要使用的剖面曲线数（1个、2个、3个或更多）来具体选择何种成形工具，而生成的曲面通过剖面曲线进行插值。

1. 双轨成形1工具

　　所谓"双轨成形1工具"，即使用该工具时用户需先创建出两条路径曲线（即为"双轨"）和一条剖面曲线（即为"1"），具体操作步骤如下。

步骤01 使用"曲线工具"中的"EP 曲线工具"，在右视图中创建一条下左图所示的曲线。

步骤02 切换至顶视图，选择创建好的曲线，按下Ctrl+D组合键，复制一条曲线，并对这两条曲线进行相应的移动，结果如下右图所示。

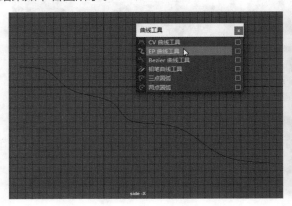

步骤03 切换至前视图，单击"曲线工具"菜单中的"EP 曲线工具"，按住C键不放，开启"捕捉到曲线"模型，将所要创建曲线的端点捕捉到已创建曲线的端点处，如下左图所示.

步骤04 松开C键，创建曲线的其他编辑点，在创建最后一个端点前按住C键不放，将该点捕捉到下右图所示的位置，按下Enter键完成创建操作。

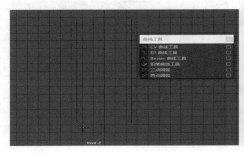
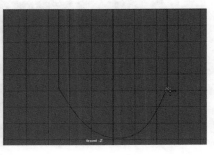

步骤 05 选择创建好的曲线，在菜单栏中执行"修改>居中枢轴"命令，从而将曲线的枢轴居中，如下左图所示。

步骤 06 按住鼠标右键不放，从弹出的热盒菜单中选择"控制顶点"选项，移动控制顶点来调整曲线的形状，如下右图所示。

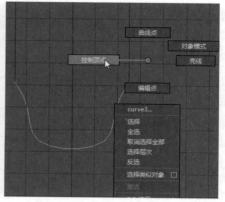

步骤 07 在菜单栏中执行"曲面>双轨成形>双轨成形1工具"命令，在透视图中单击下左图所示曲线，按下Enter键，完成剖面曲线的拾取。

步骤 08 依次单击视口中的另外两条路径曲线，即可完成双轨成形操作，勾选视口菜单栏"照明"下的"双面照明"复选框，观察模型效果，如下右图所示。

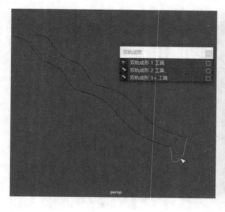
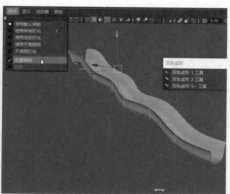

2. 双轨成形2工具

使用该工具时，用户需先创建出两条路径曲线和两条剖面曲线，然后在菜单栏中执行"曲面>双轨成形>双轨成形2工具"命令，依次单击两条剖面曲线后，按下Enter键结束剖面曲线的拾取操作，如下左图所示。再依次单击两条路径曲线，即可完成曲面创建，结果如下右图所示。

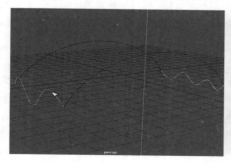
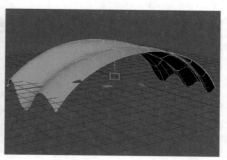

3. 双轨成形3+ 工具

使用该工具时，用户需先创建出两条路径曲线和三条或三条以上剖面曲线，然后在菜单栏中执行"曲面>双轨成形>双轨成形3+工具"命令，依次单击多条剖面曲线，接着按下Enter键结束剖面曲线的拾取，如下左图所示。再依次单击两条路径曲线，即可完成曲面创建，结果如下右图所示。

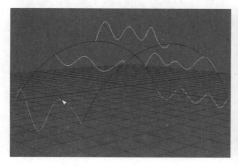 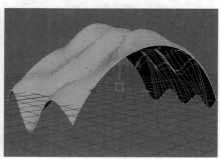

3.4.2　倒角成形法

使用菜单栏中的"曲面>倒角"或"曲面>倒角+"命令，可以从任何曲线（包括文本曲线和修剪边）创建带倒角边的挤出曲面，且会在挤出曲面的倒角边缘应用直角或圆角的倒角效果，该命令操作与挤出命令较为相似，用户可以通过以下操作步骤来理解倒角命令的不同之处。

步骤 01 打开Maya应用程序，在菜单栏中执行"创建>类型"命令，创建无倒角效果的三维文本模型。接着在界面右侧的"属性编辑器"中切换至type1选项卡，输入Maya文本，并设置字体类型和样式，如下左图所示。

步骤 02 在type1选项卡下方选择"几何体"选项卡，并单击"网络设置"下的"根据类型创建曲线"按钮，创建文本曲线，如下右图所示。

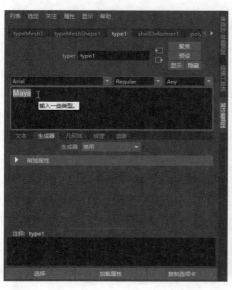 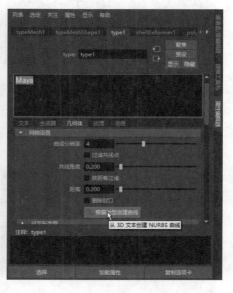

步骤 03 删除原始三维文本模型，选择字母M曲线，单击菜单栏"曲面>倒角"后的设置按钮，打开"倒角选项"对话框，按下左图所示进行倒角设置，然后单击"倒角"按钮，完成倒角操作。

步骤 04 选择倒角模型，在菜单栏中执行"曲面>反转方向"命令，观察字母M的倒角效果，然后选择字母a的外部曲线，按住Shift键加选字母a的内部曲线，如下右图所示。

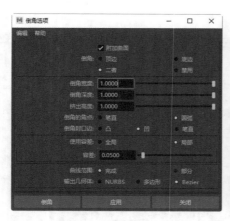
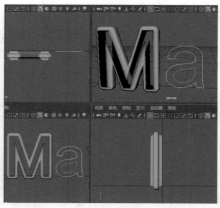

步骤 05 接着单击菜单栏中"曲面>倒角+"后的设置按钮，打开"倒角+选项"对话框，在"倒角"选项卡中，进行下左图所示的参数设置。

步骤 06 选择"倒角+选项"对话框中的"输出选项"选项卡，进行下右图所示的倒角参数设置，并单击"应用"按钮，完成倒角操作。

步骤 07 选择字母y曲线，再次打开"倒角+选项"对话框，进行下左图所示的参数设置倒角，单击"倒角"按钮，完成倒角操作。

步骤 08 选择第二个字母a的外部曲线，按住Shift键加选其内部曲线，再次执行"倒角+"操作，并设置不同的倒角样式，选择三维文本M模型，对其进行封口操作，最终效果如下右图所示。

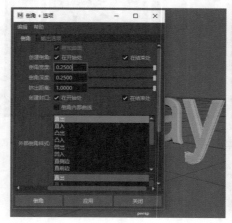

3.4.3 边界成形法

使用菜单栏中的"曲面>边界"命令，可以在已创建的边界曲线之间进行相应的插值填充，从而创建出三维曲面，具体操作方法如下。

步骤 01 打开Maya应用程序，在顶视图和前视图中，利用"曲线/曲面"工具架中的"三点圆弧""EP 曲线工具"创建出下左图所示的多条曲线。

步骤 02 依次选择创建的多条曲线，单击菜单栏中"曲面>边界"后的设置按钮，如下右图所示。

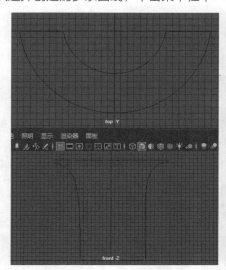
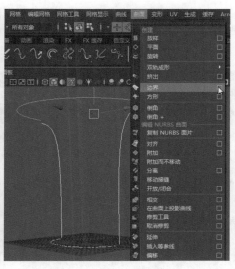

步骤 03 在打开的"边界选项"对话框中，将"曲线顺序"设置为"自动"，其他参数按下左图所示进行设置即可。

步骤 04 单击"应用"按钮，即可完成操作设置，效果如下右图所示。

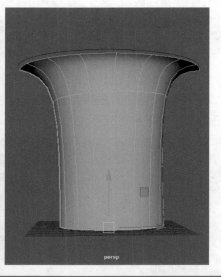

提示："边界选项"对话框

在"边界选项"对话框中，"曲线顺序"可以设置为"自动"或"作为选定项"两个单选按钮中的任意一个。当该选项设置为"自动"时，将创建带内部决定过程的边界曲线；该选项设置为"作为选定项"时，将按不同的边界曲线选择顺序生成不同的曲面结果。

3.4.4　方形成形法

使用菜单栏中的"曲面>方形"命令，可以通过填充由三或四条相交边界曲线定义的区域，从而创建出相应的曲面，该结果曲面可能会保持与周围曲面的连续性。

"方形"命令与上一节所介绍的"边界"命令较为相似，不同的是，为了创建方形曲面，必须使三条或四条边界曲线相交，且须按顺时针或逆时针方向依次选择这些曲线。下面通过创建一个与上节类似的边界曲线来体会"方形"和"边界"命令的不同，具体操作方法如下。

步骤 01 打开Maya应用程序，在视口中创建四条相交曲线，按住Shift键，按逆时针方向依次选择这些曲线。在菜单栏中单击"曲面>方形"后的设置按钮，打开"方形曲面选项"对话框，并按下左图所示的参数进行设置，单击"应用"按钮完成设置，效果如下右图所示。

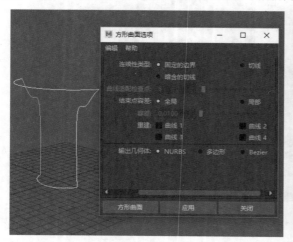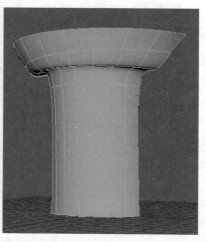

提示：如何确保曲线相交

在曲线的创建过程中，用户可以通过将不同曲线的端点捕捉到一个公共栅格相交点（按住X键），或者通过将一条曲线的端点吸附捕捉到另一条曲线的端点上（按住C键），来确保所创建的曲线相交。值得注意的是，用于执行"方形"命令的相交曲线，也可以使用"边界"命令生成相应的曲面模型，但执行"边界"命令的曲线不一定相交。

步骤 02 此外，用户也可以创建出下左图所示的三条相交曲线。

步骤 03 逆时针选择相交曲线，在菜单栏中执行"曲面>方形"命令，即可快速按原有的历史记录参数创建出相应的曲面模型，如下右图所示。

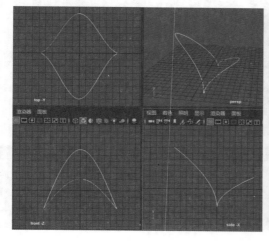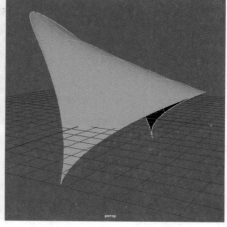

3.5 编辑NURBS曲面

利用曲面成形工具创建好初步的曲面模型后，接着可以使用曲面编辑工具对已成形模型进行相应的修改操作，或者直接对Maya中提供的NURBS基本体进行相应的编辑操作，从而制作出符合要求的曲面模型。下面以创建装饰灯模型为例，介绍如何进行曲面的编辑。

步骤 01 打开Maya应用程序，使用"三点圆弧"工具创建出一个圆弧曲线，按下Ctrl+D组合键复制圆弧并在前视图中沿Y轴向上移动一定距离，再连续两次按下Shift+D组合键复制出另两个圆弧，接着利用移动、旋转、缩放工具调整创建的圆弧曲线，依次选择4个圆弧曲线，如下左图所示。

步骤 02 在菜单栏中执行"曲面>放样"命令，创建出一个花瓣模型，然后勾选视口菜单栏中"照明"下的"双面照明"复选框，观察执行放样操作后的曲面模型效果，如下右图所示。

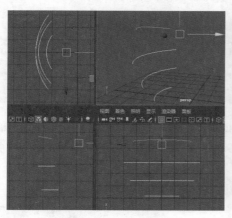
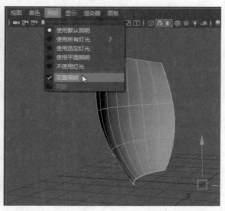

步骤 03 选择花瓣曲面模型，在菜单栏中执行"编辑>按类型删除>历史"命令，删除曲面模型的历史记录，选择所有圆弧曲线，按下Delete键执行删除操作，如下左图所示。

步骤 04 再选择花瓣曲面，按住鼠标右键不放，从弹出的热盒菜单中选择"壳线"选项，如下右图所示。

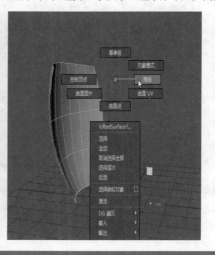

提示：快速选择所有曲线对象

在一个Maya场景中，当既有曲面对象，又有曲线对象时，用户可以利用"按对象类型选择"方式，快速选取某一类型的所有对象，如取消工具栏中的"选择曲面对象"按钮开关，即可框选场景中除去曲面的所有曲线对象，如右图所示。

步骤 05 选择模型上的壳线，然后使用移动工具、旋转工具、缩放工具进行相应的调整，如下左图所示。

步骤 06 按住鼠标右键不放，从弹出的热盒菜单中选择"控制顶点"选项，通过调整相应的控制顶点来改变花瓣形状，效果如下右图所示。

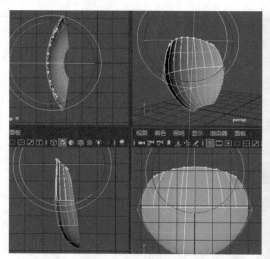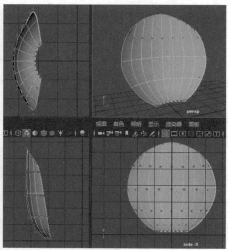

步骤 07 按住鼠标右键不放，从弹出的热盒菜单中选择"等参线"选项，选择横向上的一条等参线并向上移动，按住Shift键的同时，再次选择该等参线向上移动，松开Shift键，并在菜单栏中执行"曲面>插入等参线"命令，即可在下左图所示的两个黄色虚线处插入等参线。

步骤 08 插入等参线后，在菜单栏中执行"变形>非线性>弯曲"命令，如下右图所示。

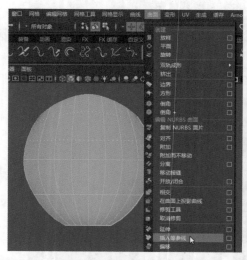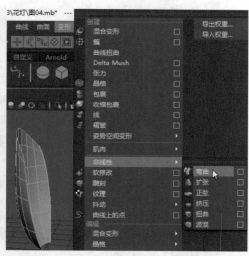

> **提示：弯曲变形器**
>
> 弯曲变形器允许用户沿圆弧弯曲任何可变形对象，该变形器无论是对角色设置，还是建模操作都非常有用，它所包含的弯曲控制柄，可用于以直观方式控制弯曲效果的范围和曲率。

步骤 09 进入界面右侧的"通道盒"中，将bend1的"曲率"设置为-20，如下左图所示。

步骤 10 选择曲面模型，按下Alt+Shift+D组合键删除曲面模型的历史记录，再次按住鼠标右键不放，进入"控制顶点"级别，调整花瓣形状。切换至顶视图，单击菜单栏中"编辑>特殊复制"后的设置按钮，如下右图所示。

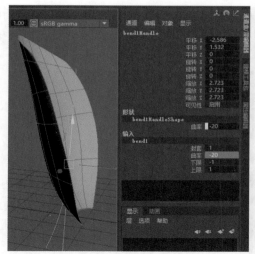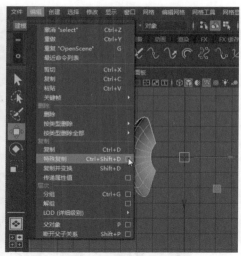

步骤 11 在打开的"特殊复制选项"对话框中，设置"几何体类型"为"实例"、Y轴旋转72度、"副本数"为4，单击"应用"按钮，复制花瓣模型，如下左图所示。

步骤 12 按住鼠标右键不放，进入"壳线"级别，选择下右图所示的壳线进行移动操作。

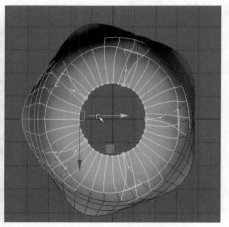

步骤 13 切换至透视图，使用移动、旋转、缩放工具调整花瓣大小及位置，效果如下左图所示。

步骤 14 单击"曲线/曲面"工具架中的"NURBS球体"按钮，创建一个球体对象，按住鼠标右键不放，进入球体对象的"壳线"级别，使用移动、缩放工具调整球体形状，如下右图所示。

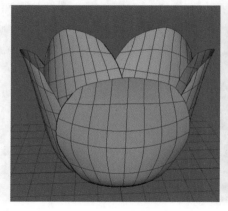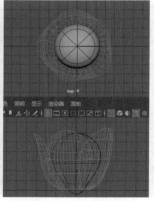

步骤15 在菜单栏中执行"创建>曲线工具>CV曲线工具"命令，在前视图中创建出下左图所示的三条曲线。

步骤16 单击"曲线/曲面"工具架中的"NURBS圆形"按钮，创建一个圆形曲线，调整圆形大小，按住Shift键加选下右图所示的曲线，并在菜单栏中单击"曲面>挤出"后的设置按钮。

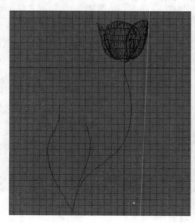
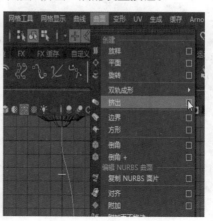

步骤17 在打开的"挤出选项"对话框中，按下左图所示进行参数的设置，单击"应用"按钮完成设置。

步骤18 选择挤出模型，按下Alt+Shift+D组合键删除模型的历史记录，按住鼠标右键不放，进入对象的"等参线"级别，如下右图所示。

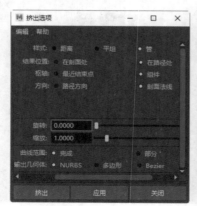
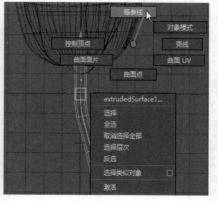

步骤19 选择顶部的一条等参线并向下移动，按住Shift键的同时，多次向下移动该等参线，松开Shift键，在菜单栏中执行"曲面>插入等参线"命令，即可在黄色虚线处插入等参线，如下左图所示。

步骤20 选择挤出模型，按下Alt+Shift+D组合键删除模型的历史记录，选择原始路径曲线并按Delete键执行删除操作。切换至模型的控制顶点模式，使用移动、缩放工具按下右图所示调整模型形状。

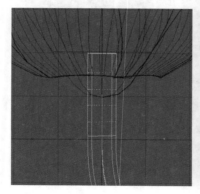
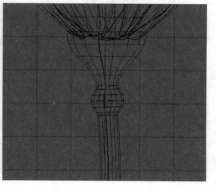

步骤 21 按上述操作，对另外两条路径曲线执行相同操作，效果如下左图所示。

步骤 22 单击"曲线/曲面"工具架中的"NURBS平面"按钮，创建一个平面对象，设置该平面的U、V向面片数及宽度值，按住鼠标右键不放，进入"控制顶点"级别，如下右图所示。

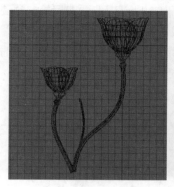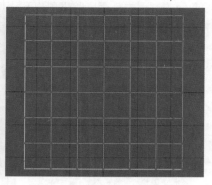

步骤 23 按下左图所示使用移动、缩放工具调整叶片模型形状，按住鼠标右键不放，选择"对象模式"选项，退出顶点编辑。

步骤 24 在菜单栏中执行"变形>非线性>弯曲"命令，将弯曲控制柄沿Z轴旋转90度，并设置弯曲的"曲率"值为-45，选择叶片模型的对象级别，按下Alt+Shift+D组合键删除其历史记录。

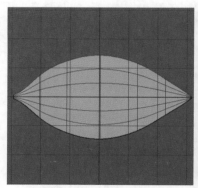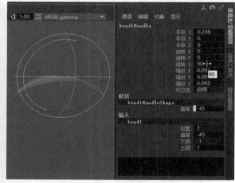

步骤 25 再次为叶片模型添加弯曲变形器，将弯曲控制柄沿X轴旋转-90度、沿Z轴旋转90度，并设置弯曲的"曲率"值为60，如下左图所示。

步骤 26 复制多个叶片模型，结合移动、旋转、缩放等变换工具调整叶片，然后利用旋转命令创建装饰灯底座，最终效果如下右图所示。

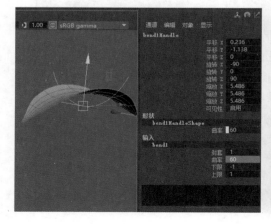

知识延伸：在曲面上投影曲线

在编辑NURBS曲面的过程中，用户除了可以利用编辑NURBS曲面的相关命令进行操作外，还可以利用"曲面"菜单下的"在曲面上投影曲线"命令进行投影操作，具体操作步骤如下。

步骤 01 首先创建一个NURBS平面和NURBS圆形，选择圆形曲线，按住Shift键的同时，在菜单栏中执行使用"曲线>重建"命令，在打开的对话框中增加曲线跨度数，如下左图所示。

步骤 02 使用移动、缩放工具调整圆形曲线的形状和位置，如下右图所示。

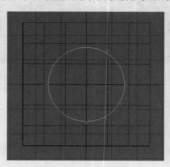 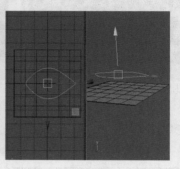

步骤 03 切换至顶视图，选择曲线，按住Shift键加选平面，在菜单栏中执行"曲面>在曲面上投影曲线"命令，如下左图所示。

步骤 04 切换至透视图，选择平面对象，在菜单栏中执行"曲面>修剪工具"命令，如下右图所示。

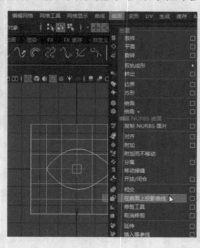 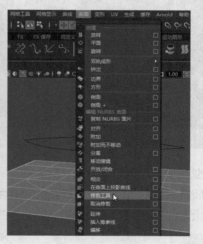

步骤 05 当光标变为下左图所示的形状时，在平面对象上需保留部分处单击。

步骤 06 按下Enter键，即可完成投影部分曲线的修剪，用户可以按照3.5 编辑NURBS曲面小节Step 24和Step 25中的操作方法继续对叶片进行加工操作，如下右图所示。

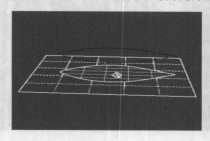 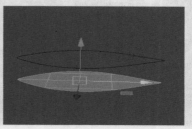

上机实训：制作老式电话机

经过本章内容的学习，相信用户对Maya的NURBS建模技术有了一定的了解。下面将通过老式电话的制作过程，通过对曲线的运用来掌握曲线建模的制作要领与规范，具体操作过程如下。

步骤 01 首先打开Maya 2018软件，执行"文件>项目窗口"命令，新建工程文件，如下左图所示。

步骤 02 输入文件名和储存位置，单击"接受"按钮，如下右图所示。

步骤 03 把所需图片放到Source Images文件夹里，如下左图所示。

步骤 04 根据图片参考，使用圆线制作电话的底座，摆出下右图所示的样子。

步骤 05 由下往上依次选择线，执行"曲面>放样"命令，如下左图所示。

步骤 06 选择第二条线，按住鼠标右键，选择"控制顶点"选项，调节线的形状，使模型形成下右图的形状，按Alt+Shift+D组合键删除历史记录。

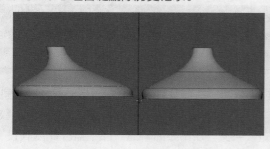 

步骤 07 使用曲线工具在平面视图中绘制模型边缘形状的线，按Enter键结束所画线段，如下左图所示。

步骤 08 选择所绘制的线段，执行"曲面>旋转"命令（轴预设选Y轴），按Alt+Shift+D组合键删除一个历史记录，如下右图所示。

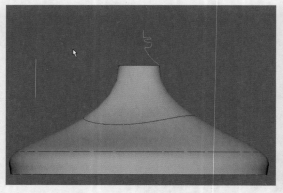 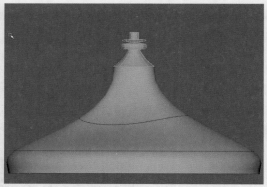

步骤 09 使用曲线工具在平面视图中绘制模型边缘形状的线，如下左图所示。

步骤 10 选择绘制的线段，执行"曲面>旋转"命令，按Alt+Shift+D组合键删除历史记录，然后移动模型到合适的位置，如下右图所示。

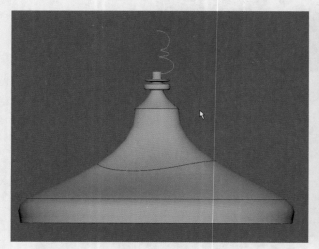 

步骤 11 使用曲线工具在平面视图中绘制模型边缘形状的线，如下左图所示。

步骤 12 使用圆线工具绘制一个圆，如下右图所示。

 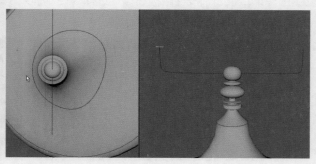

步骤 13 先选中圆圈，再选中路径，执行"曲面>挤出"命令，按Alt+Shift+D组合键删除历史记录，如下左图所示。

步骤 14 使用曲线工具在平面视图中绘制模型边缘形状的线，如下右图所示。

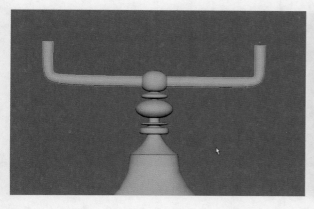 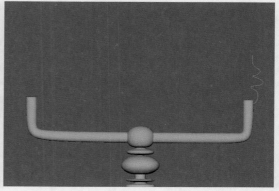

步骤 15 选择所绘制的线段，执行"曲面>旋转"命令，按Alt+Shift+D组合键删除历史记录，移动模型至合适的位置，如下左图所示。

步骤 16 选择模型，按Ctrl+D组合键复制一个模型，移动到左边，如下右图所示。

步骤 17 根据参考图片使用曲线工具绘制拨号键盘的形状，如下左图所示。

步骤 18 选择绘制的线段，执行"曲面>旋转"命令，按Alt+Shift+D组合键删除历史记录，如下右图所示。

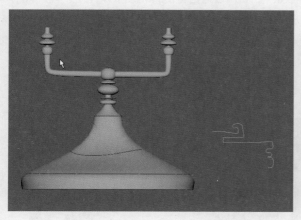 

步骤 19 使用圆线工具绘制一个圆，调节到合适的大小，按住D键把坐标移到圆盘中心，按Ctrl+D组合键复制一个，旋转Y轴为30，再按Shift+D组合连续复制10次，如下左图所示。

步骤 20 选择所有的圆圈加底盘，执行"曲面>在曲面上投影曲线"命令，将侧边多投影上的删掉，如下右图所示。

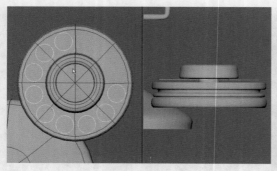 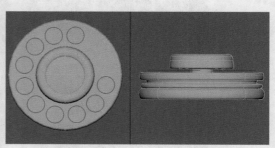

步骤 21 选择投影好的底盘，执行"曲面>剪切工具"命令，在圆圈以外的地方单击，按Enter键后，按Alt+Shift+D组合键删除历史记录，如下左图所示。

步骤 22 选中一个圆，按住鼠标右键，选择"控制顶点"选项，把圆调整得和拨键孔对齐，按Ctrl+D组合键向下复制一个，如下右图所示。

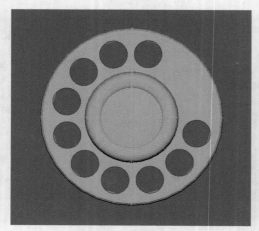 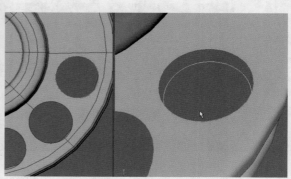

步骤 23 选中这两个圆，执行"曲面>放样"命令，按Alt+Shift+D组合键删除历史记录，选中放样的模型，坐标轴定在底盘中心，复制出其他的圆盘（复制方法同Step 19），如下左图所示。

步骤 24 把拨号盘移动到合适的位置，如下右图所示。

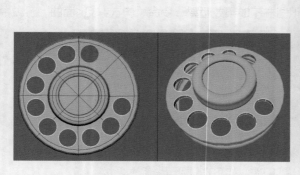 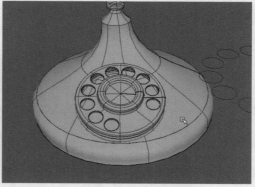

步骤 25 使用曲线工具绘制电话手柄的形状（只需要画一半就行），如下左图所示。

步骤 26 选择绘制的线段，执行"曲面>旋转（点旋转后的方框，轴预设选Z轴）"命令，选择线与模型，按Alt+Shift+D组合键删除历史记录，如下右图所示。

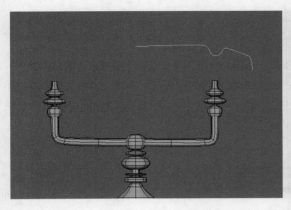 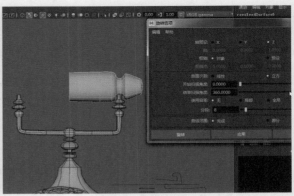

步骤27 选择模型，按Ctrl+D组合键复制一个，缩放z轴改成-1，如下左图所示。

步骤28 新建一个圆柱体，调成需要得形状，移到相应的位置，如下右图所示。

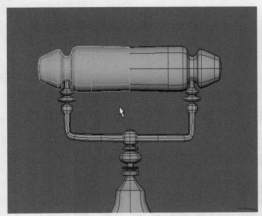 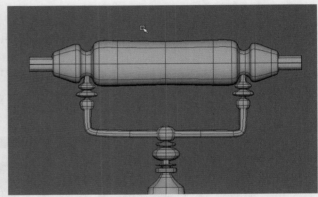

步骤29 使用曲线工具绘制电话听筒的形状，如下左图所示。

步骤30 选择绘制的线段，执行"曲面>旋转（点旋转后的方框，轴预设选y轴）"命令，选择线与模型，按Alt+Shift+D删除历史记录，并调整至合适的位置，如下右图所示。

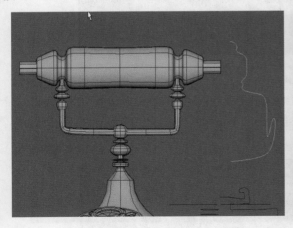 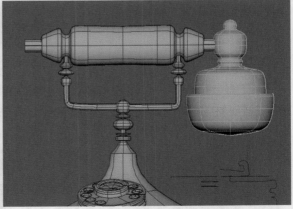

步骤31 使用曲线工具绘制电话话筒的形状，如下左图所示。

步骤32 选择绘制的线段，执行"曲面>旋转"命令，选择线与模型，按Alt+Shift+D组合键删除历史记录，并调整其位置，如下右图所示。

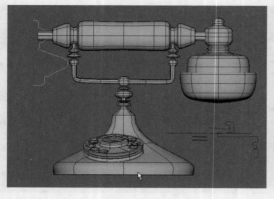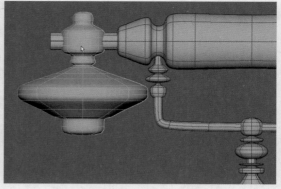

步骤33 选择圆柱，单击鼠标右键，选择"等参线"选项，选择边上的圆线，执行"曲面>平面"命令，如下左图所示。

步骤34 使用NURBS圆形工具绘制电话话筒的形状，如下右图所示。

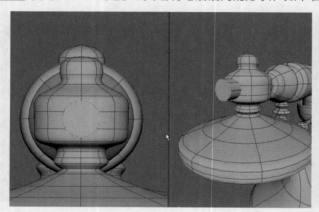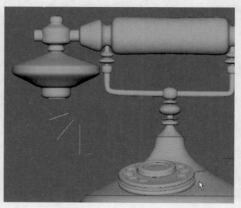

步骤35 从上到下依次选中圆形，执行"曲面>放样"命令，选择线与模型，按Alt+Shift+D组合键删除历史记录，如下左图所示。

步骤36 使用曲线工具绘制电话话筒的形状，如下右图所示。

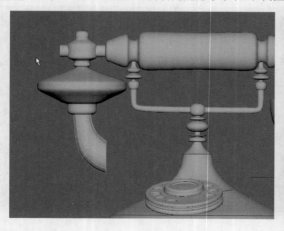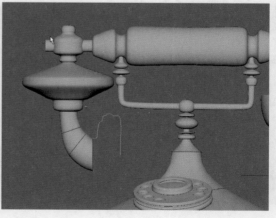

步骤37 选择绘制的线段，执行"曲面>旋转（点旋转后的方框，轴预设选z轴）"命令，选择线与模型，按Alt+Shift+D组合键删除历史记录，在点模式下，调整其位置，如下左图所示。

步骤38 使用曲线工具绘制一条曲线，再使用NURBS圆形工具绘制一个圆形，如下右图所示。

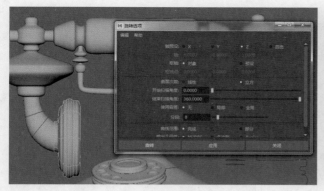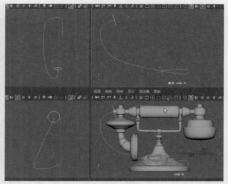

步骤 39 先选择圆形，再选择曲线路径，执行"曲面>挤出"命令，选择线与模型，按Alt+Shift+D组合键删除历史记录，如下左图所示。

步骤 40 选择模型，执行"激活选定对象"命令 ，使用曲线工具在圆柱上绘制4个点，如下右图所示。

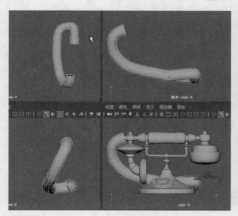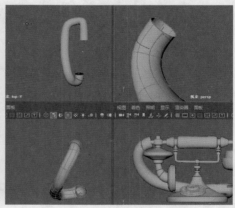

步骤 41 在圆柱的尾端，按住鼠标中键开始绕线，如下左图所示。

步骤 42 选择绕好的线，执行"曲线>复制曲面曲线"命令，选择线与模型，按Alt+Shift+D组合键删除历史记录，在点模式下删除多余的点，调节曲线的位置，如下右图所示。

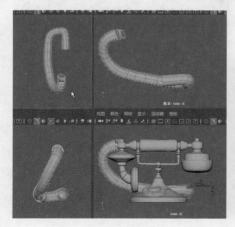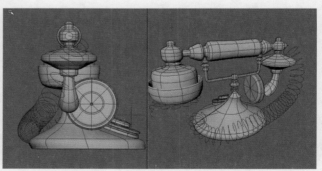

步骤 43 再使用圆形工具绘制一个小圆，移动到电话线的顶端（注意角度与位置），如下左图所示。

步骤 44 先选择圆形，在选择曲线路径，执行"曲面>挤出"命令，选择线与模型，按Alt+Shift+D组合键删除历史记录，如下右图所示。

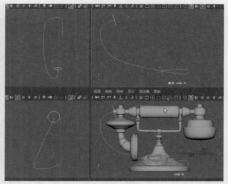

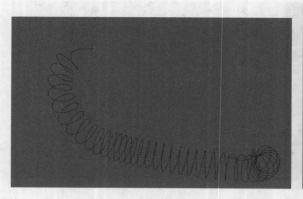
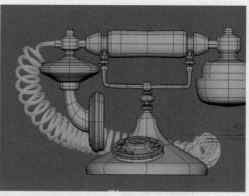

步骤 45 最后，调整细节完成老式电话的整体制作，如下图所示。

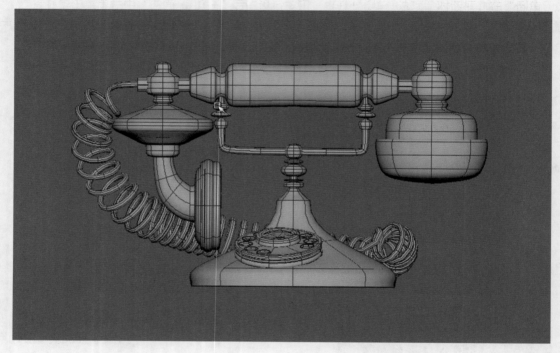

课后练习

1. 选择题

（1）在Maya中，通常使用（　　）种方法进行NURBS建模

    A. 1   B. 2   C. 3   D. 4

（2）Maya中常用的特殊成形法包括"双轨成形""倒角""边界"和（　　）四种方法，这些成形法可以利用各自的成形原理生成三维曲面，其中"双轨成形"和"倒角"是最为常用的两种方法。

    A."方形"   B."圆形"   C."三角形"   D."梯形"

（3）用户可以使用Bezier 曲线工具创建Bezier曲线，该工具通过放置Bezier定位点来绘制曲线，通过编辑定位点的位置或是操纵定位点上的（　　）来更改曲线形状。

    A. 环形线控制柄   B. 曲线控制柄   C. 直线控制柄   D. 切线控制柄

（4）在Maya中，用户可以通过（　　）文件格式轻松地将NURBS 三维数据类型导入到CAD应用程序中。

    A. IGES   B. IGVS   C. IGFS   D. IGKS

（5）Maya中常用的一般成形法包括"旋转""放样""平面"和（　　）。

    A."立面"   B."挤压"   C."挤出"   D."缩放"

2. 填空题

（1）在对曲线执行放样之前，用户需注意曲线分段情况，若执行放样操作的曲线的段数不相同，可以对它们执行"曲线>重建"命令，将＿＿＿＿＿＿＿＿统一，避免后期操作所得曲面效果不均匀。

（2）使用添加点工具可以将点添加到选定曲线的＿＿＿＿＿＿＿＿，接着进行曲线的创建。

（3）创建好两条曲线后，用户可以利用"曲线"菜单中的"对齐"命令保持曲线位置、切线和＿＿＿＿＿＿＿＿的连续性。

（4）在Maya中，用户可以使用＿＿＿＿＿＿＿＿命令将两个完全独立的曲线接合成一个曲线，该操作命令是曲线编辑中的常用命令之一。

（5）用户可以使用"题头显示"功能在场景中显示多边形对象的多边形数，即在视图中显示多边形顶点、边、面、三角形和UV的数量，且不遮挡对象视图，具体操作方法是：在菜单栏中执行＿＿＿＿＿＿＿＿命令。

3. 上机题

根据随书光盘中提供的水果图片文件，利用曲线工具、旋转操作、曲面编辑、弯曲变形器等相关知识，制作水果模型。

    （1）使用曲线工具创建出一个水果剖面曲线；

    （2）利用"曲面>旋转"命令，对创建的曲线进行旋转操作；

    （3）创建一个NURBS圆柱体，根据曲面编辑相关知识制作水果果柄；

    （4）利用NURBS平面并结合弯曲变形器创建水果叶片。

第4章 材质与纹理

本章概述

本章将对材质与贴图的相关知识进行详细介绍，在学习过程中，用户需掌握材质编辑器面板中各部分命令及参数的应用，以及常用材质和贴图的基本操作方法，从而能够完成基本的材质设计。

核心知识点

① 知道Maya的几大类材质类型
② 熟悉常用表面材质的参数设置
③ 掌握纹理节点的基本操作
④ 了解材质、纹理的通用属性

4.1 材质

在Maya 2018中，物体曲面外观由物体本身的材质和周围环境灯光决定，用户可以通过控制对象的材质和场景灯光来控制对象的曲面外观质感。其中材质也称为着色器，用于定义对象的基质，主要包括物体颜色、透明度、光泽度等物理或光学特性，这些特性可以描述物体如何吸收、反射或透射灯光。更为复杂的颜色、透明度、光泽度、曲面起伏、反射或大气等因素则由纹理贴图来定义。

4.1.1 材质的基础知识

在真实世界中，用户可以通过视觉、触觉等感官感觉来体会物体的样貌、质感等，而在Maya构建的虚拟世界中，这一切则由对象的材质和灯光进行模拟创作。当灯光照射到对象时，一些灯光会被吸收，一些灯光会被反射；对象越平滑则越有光泽，对象越粗糙则越暗淡。由此可以看出，材质属性与灯光属性相辅相成，材质属性的体现受灯光的影响，因此用户在设计材质前，需要了解一些材质基本概念的含义和Maya中有关材质方面的常用名词，以便为以后的学习创作做好准备。

- **曲面着色：** 曲面着色是对象的基本材质和应用于它的任何纹理的组合。
- **节点：** 是Maya中非常重要的概念，包括常说的渲染节点、材质节点、贴图节点、灯光节点等。节点是Maya中最小的计算单位，每个节点都是一个属性组，可以输入、输出和保存属性。在建模、材质、灯光、动力学或动画等各方面，节点无处不在。Maya中各种材质的变化完全依赖于节点及节点网络的变化，故材质制作人员必须知道节点的概念和意义。
- **漫反射：** 指对象表面放映出的颜色，即通常提及的对象颜色，其因灯光和环境因素的影响而有所偏差。
- **高光反射：** 指物体表面高亮处显示的颜色，反映了照亮灯光的颜色，当其颜色与漫反射颜色相符时，会产生一种无光效果，从而降低材质的光泽性。
- **半透明：** 该属性可以使场景中的对象产生透明效果，而使用贴图可以产生局部透明效果。
- **反射/折射：** 反射是指光线投射到物体表面后，根据入射角度将光线反射出去，如平面镜可以使对象表面放映反射角度方向；折射是指光线透过对象后，改变了原有光线的投射角度，使光线产生偏差，如透过水面看对象。

4.1.2　认识Hypershade

在Maya 2018中，Hypershade为材质编辑器，也可称之为超级着色器。用户可以在菜单栏中执行"窗口>渲染编辑器> Hypershade"命令，或是单击状态行中渲染图标组下的◎按钮，打开Hypershade窗口，如下图所示。Hypershade是Maya渲染的中心工作区域，用户可以利用该窗口来创建、编辑和连接渲染节点（如纹理、材质、灯光、渲染工具和特殊效果），也可以在其中构建着色网络。

1. 菜单栏

菜单栏位于Hypershade窗口的顶部，利用菜单栏可以创建或删除节点和纹理图片，也可以对材质节点以及节点工具进行连接和属性的编辑。Hypershade的菜单栏由"文件""编辑""视图""创建""选项卡""图表""窗口""选项"和"帮助"等多个菜单组成。

2. 浏览器

浏览器位于菜单栏的下方区域，由工具栏和样本分类区两部分组成。用户可以通过工具栏中的工具来编辑和调整材质节点在样本区中的显示方式；利用样本分类区中的"材质""纹理""工具""灯光""摄影机"等多个选项卡将节点网络进行分类，从而方便用户查找相应的节点。

3. 节点创建栏

节点创建栏用于创建材质、纹理、灯光、工具等节点，单击该栏中相应的节点名称，即可在工作区中创建对应的材质或纹理等节点，同时还将在样本分类区对应的选项卡中显示相应的材质球、纹理或灯光图标。

4. 工作区

工作区主要用于编辑材质节点或构建节点网络。在Maya中，如果要设置材质节点的属性，可以单击材质节点，在特性编辑器中进行设置。

5. 材质查看器

材质查看器位于Hypershade界面的右上方，用户可以通过它来预览查看材质节点的颜色、质感、贴图等信息概况，还可以选择"材质球""布料""茶壶""海洋"等不同的查看模式来预览材质效果。

6. 特性编辑器

特性编辑器位于Hypershade界面的右下方，用户可以通过它来设置各种节点的属性参数。此外，用户也可在通道盒/层编辑器中进行各种节点属性的设置。

4.1.3 材质种类

Maya 2018将材质分为"表面材质""体积材质""置换材质"三种类型，下面将详细介绍常用的材质节点以及其应用领域。

1. 材质的基本类型

在材质编辑器的"表面"窗口下，有一些材质节点是用户经常会使用，这些材质节点可以模拟生活中的一些物体的材质。下图为"表面"窗口下的所有材质节点，下面介绍几种常用的材质节点。

- **各向异性**：各向异性材质常用来模拟具有细微凹槽的表面，例如头发、CD光盘等。
- **Blinn**：Blinn材质主要用来模拟金属和玻璃的效果，它具有金属表面和玻璃表面特性。
- **Lambert**：Lambert材质常用来模拟不光滑、没有高光的物体，如木头、墙壁等没有高光、反射等属性。
- **海洋着色器**：海洋着色器用来模拟海洋表面的效果，用户可以根据需要设置海洋表面波浪的效果。
- **Phong**：Phone材质常用于模拟光滑的、表面有光泽的物体，如水和玻璃等具有较强的高光。
- **Phone E**：Phone E材质能根据材质的透明度控制高光区的效果。
- **渐变着色器**：渐变着色器上的很多属性都可以用渐变颜色来控制，它可以对物体的渲染点进行采样，再用渐变颜色重新分布到物体的表面。

2. 创建材质节点

创建材质节点的常用方法有两种，第一种是在"节点创建栏"中选择要创建的材质并单击，如下左图所示。第二种是在材质编辑器菜单栏中单击"创建"按钮，然后选择需要创建的材质即可，如下右图所示。

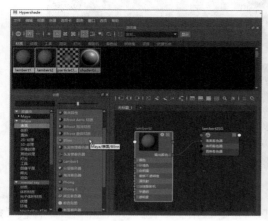

3. 将材质赋予物体

将材质赋予物体的常用方法有两种，第一种是先选中场景中的物体，然后在材质编辑器中将光标移至要赋予物体的材质球上，按住鼠标中键不放，将其拖动到场景中的物体上，如下左图所示。第二种方法是选择场景中的物体，将光标放置在要赋予物体的材质球上，然后单击鼠标右键，在弹出的菜单栏中选择"为当前选择指定材质"命令，完成材质赋予，如下右图所示。

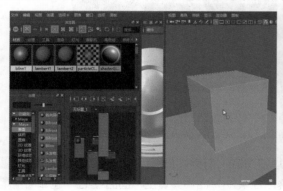
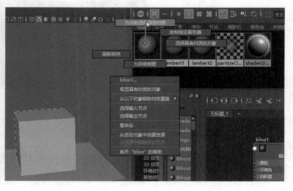

4.1.4　材质的通用属性

材质的通用属性是指大部分材质都有的属性，例如颜色、透明度、环境色、白炽度等，下面为大家介绍"公用材质属性"材质卷展栏下通用属性的含义。

- **颜色：** 即材质的颜色，双击色块会弹出颜色选择的对话框，在该对话框中用户可以根据需要设置相应的颜色，默认情况下是HSV模式，也可以切换为RGB模式。
- **透明度：** 该参数用来控制物体的透明度，默认情况下是完全不透明，用户可以根据需要进行设置。
- **环境色：** 该参数用于控制对象受周围环境的影响，默认情况下为黑色，这时它并不会影响材质的颜色，当环境色的亮度提高时，它会影响材质的阴影和中间调部分。
- **白炽度：** 用于模拟物体的自发光效果，但是并不会照亮其他的物体，当白炽度的亮度值增大时，它会影响材质的阴影和中间调部分，下图为白炽度亮度最高和最低的对比效果。

- **凹凸贴图**：通过对凹凸映射纹理的像素颜色的强度进行取值，在渲染时改变模型表面法线，使模型看上去有凹凸的感觉，实际上模型的表面并没有发生任何改变。
- **漫反射**：用于控制模型表面光线的漫反射强弱的效果，漫反射的值越高，越接近设置的表面颜色，只影响材质的中间调部分，默认值为0.8。
- **半透明**：是指一种材质允许光线通过，但是该材质并不会产生透明的效果，常用来模拟蜡烛、花瓣、树叶的效果。

4.1.5　材质的高光属性

创建一个Blinn材质球，在其属性通道盒中展开"镜面反射着色"卷展栏，其中的属性也是大部分材质共有的属性，如下图所示。下面将对"镜面反射着色"卷展栏下各属性的含义进行介绍。

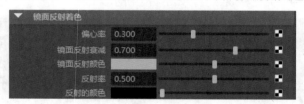

- **偏心率**：该参数用于控制高光扩散的大小，数值越大，高光点就越大。
- **镜面反射衰减**：该参数用于控制高光的强度，数值越小，高光就越弱。
- **镜面反射颜色**：该参数用于控制高光的颜色，可双击色块选择需要的颜色。
- **反射率**：该参数用于控制物体反射的强度，下图为反射率大小的对比效果。

- **反射的颜色**：该参数用于控制反射的颜色，可双击色块选择需要的反射颜色。

4.2 纹理

在实际的模型制作过程中，纯粹的材质（无纹理贴图）是很少使用的，使用纹理贴图一方面可以节省大量的模型运算，另一方面可以带来很强的真实感。

4.2.1 纹理的基础知识

纹理是指包裹在物体表面上的一层花纹，如木头桌子上的木纹、金属表面的锈斑、地毯上的花纹等，可以用来控制物体表面的质感，增添材质的细节。

4.2.2 纹理的类型

在Maya 2018中，纹理可以分为2D纹理、3D纹理、环境纹理和其他纹理四种类型。其中2D纹理和3D纹理用于模型本身，下左图为3D纹理选项，下中图为2D纹理选项，下右图为环境纹理选项。下面对Maya 2018四种纹理类型的应用进行介绍。

  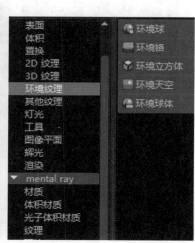

- **2D纹理**：2D纹理通常作用于几何对象的表面，它的效果取决于UV坐标和投射的方式。
- **3D纹理**：3D纹理是根据程序以三维方式生成的图案，它不受物体外观的影响，在3D纹理程序中可以通过对参数的调节来控制纹理和图案的效果。
- **环境纹理**：该纹理类型不直接作用于物体，一般用于模拟周围的环境。
- **其他纹理**：指的是分层纹理，它和层材质的效果类似。

4.2.3 纹理节点的操作

纹理贴图可以视为一个纹理节点，用户只有学会如何操作纹理节点才可以更好地控制物体表面的质感和细节，本小节将对纹理节点的操作进行介绍。

1. 创建纹理节点

步骤 01 首先创建一个Blinn材质，按Ctrl+A组合键，打开其属性面板，然后选择要创建纹理贴图的属性，这里以"颜色"属性为例，单击"颜色"右侧的色块按钮，如下左图所示。

步骤 02 在弹出的面板中包含之前所讲的四种纹理贴图类型，如下右图所示。

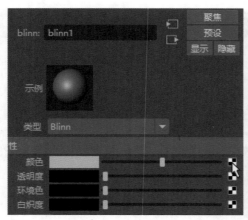

步骤 03 选择一个合适的纹理贴图并单击，如下左图所示。

步骤 04 纹理贴图创建完成，如下右图所示。

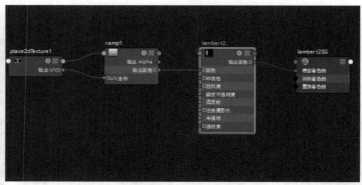

2. 纹理节点的断开

步骤 01 选择带有纹理节点的材质球blinn1，按Ctrl+A组合键打开对应的属性面板，可以看到其"颜色"属性连接纹理贴图，在"颜色"右侧的空白处右击，在弹出的快捷菜单中选择"断开连接"命令，即可断开纹理与材质球的连接，如下左图所示。

步骤 02 打开Hypershade窗口，选择纹理节点与材质球的连接线，然后按Delete键，即可把它们的连接断开，如下右图所示。

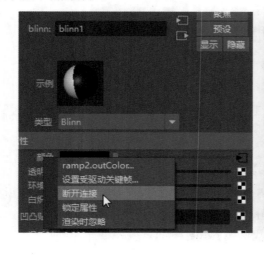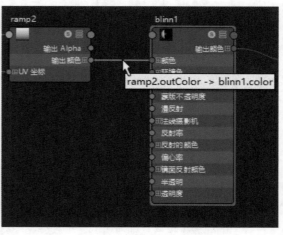

3. 纹理节点的删除

步骤 01 打开Hypershade窗口，选择带有纹理节点的材质球blinn1，在工作区选中要删除的纹理节点，如下左图所示。

步骤 02 然后按Delete键，即可删除所选纹理节点，只剩下材质球和其输出节点，如下右图所示。

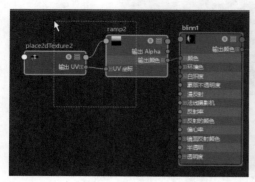 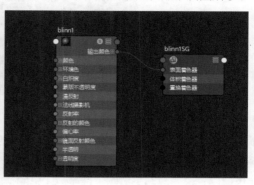

4. 纹理节点的连接

步骤 01 打开Hypershade窗口，选择断开的纹理节点ramp1和材质球Lambert2，如下图所示。

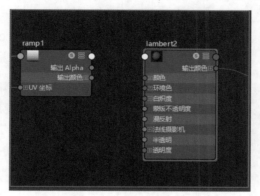

步骤 02 在Hypershade窗口的工作区，单击"渐变"纹理贴图上的"输出颜色"前的绿色圆圈，如下左图所示。

步骤 03 然后选择要连接到材质的属性，这里以材质的"颜色"属性为例，在颜色属性前的红色圆圈处单击，"渐变"纹理贴图就成功连接到Lambert材质的"颜色"属性上，如下右图所示。

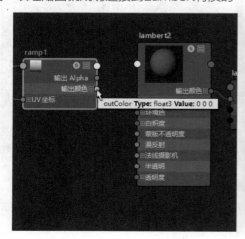 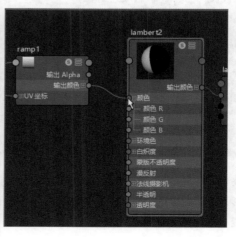

4.2.4 纹理的通用属性

选择2D纹理和3D纹理贴图，打开对应的属性设置面板，会发现包含着一些通用的属性，如下图所示。本小节将对这些属性的含义进行介绍，具体如下。

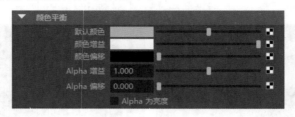

- **曝光：** 用于控制纹理节点的曝光值。
- **默认颜色：** 即默认的纹理颜色，用户可以双击色块进行颜色的设置。
- **颜色增益：** 该参数用于控制纹理颜色输出的强度，可调整纹理中的浅色部分。
- **颜色偏移：** 该参数用于控制纹理颜色输出的位移，用于调整纹理中较深的部分。
- **Alpha增益：** 适用于位移或凹凸纹理，可缩放纹理Alpha输出的系数。
- **Alpha偏移：** 适用于位移或凹凸纹理，可偏移纹理Alpha输出的系数。
- **Alpha为亮度：** 勾选该复选框，表示Alpha的输出由纹理的亮度来决定。

知识延伸：2D纹理类型

在制作模型材质纹理贴图时，经常会用到2D纹理，常用的有棋盘格、文件、分形等，下面对Maya 2018常用的内置2D程序纹理的种类进行介绍。

- **棋盘格：** 用于模拟有两种颜色的正方形方格的效果，如下左图所示。
- **布料：** 用于模拟生活中的布料效果，下右图为布料节点的属性。

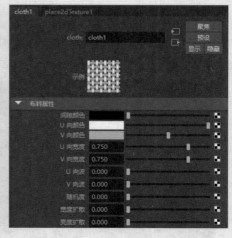

- **文件：** 可以使用文件纹理节点为物体赋予纹理贴图。
- **分形：** 该节点常用来制作一些特殊的效果，它的分形纹理随机分布的效果很好，如下左图所示。
- **渐变：** 常用来制作具有渐变效果的贴图，如下右图所示。

分形效果

上机实训：制作茶具材质

通过对本章内容的学习，相信用户对于材质和纹理贴图已经有了一定的了解，下面通过制作茶具材质的实例来巩固材质与贴图的相关知识。

步骤 01 打开随书光盘的shangjishixun.mb文件，模型如下左图所示。

步骤 02 在菜单栏中执行"窗口>渲染编辑器> Hypershade"命令，打开Hypershade编辑器，在Maya的"表面"窗口下找到Lambert材质球，单击"创建"按钮，如下右图所示。

步骤 03 打开Hypershade编辑器，在场景中选择小桌子模型，然后将光标放置在新建的Lambert材质球上并右击，在弹出的快捷菜单中选择"为当前选择指定材质"命令，如下左图所示。

步骤 04 选择小桌子模型并按下Ctrl+A组合键，打开属性编辑器，单击lambert材质"颜色"右侧的色块按钮，如下右图所示。

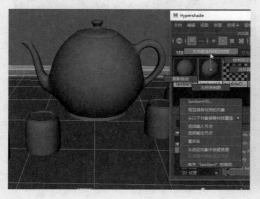 

步骤 05 在弹出的面板中选择"文件"选项，如下左图所示。

步骤 06 在打开的文件属性设置面板中单击"图像名称"右侧的文件夹按钮，如下右图所示。

步骤 07 在弹出的对话框中找到desk_col.jpg图片文件，然后单击"打开"按钮，如下左图所示。

步骤 08 按下数字键6显示贴图，效果如下右图所示。

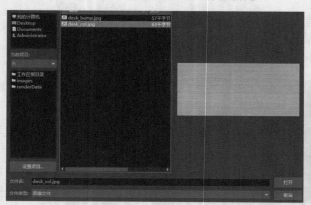

步骤 09 选择小桌子模型并按下Ctrl+A组合键，打开属性编辑器，单击lambert材质"凹凸贴图"右侧的色块按钮，如下左图所示。

步骤 10 与之前操作相同，单击"文件"按钮，然后找到desk_bump.jpg图像文件，单击"打开"按钮，效果如下右图所示。

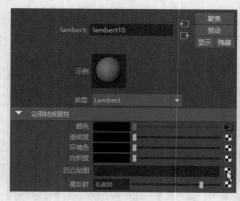

步骤 11 此时可以看到桌面的凹凸效果非常明显，但是感觉木纹过于粗糙，则此时用户可单击"凹凸贴图"右侧的按钮，进入文件属性设置面板，然后单击下左图所示的按钮。

步骤 12 在打开的凹凸设置面板中，修改"凹凸深度"值为0.06，如下右图所示。

步骤13 打开Hypershade编辑器，在Mental Ray的"材质"窗口下找到mia_material_x材质球，单击"创建"按钮，如下左图所示。

步骤14 选中茶具模型，使用之前介绍的方法赋予模型Mia_Material_x材质，渲染效果如下右图所示。

步骤15 同样的方法为茶具模型赋予"颜色"贴图文件chaju.jpg，渲染效果如下左图所示。

步骤16 打开"渲染设置"面板，展开"环境"卷展栏，单击"基于图像的照明"属性后的"创建"按钮，如下右图所示。

步骤17 在打开的面板中单击"图像名称"后的按钮，找到room.jpg图像文件并单击"打开"按钮，渲染效果如下左图所示。

步骤18 打开"渲染设置"面板，勾选"最终聚集"复选框，如下右图所示。

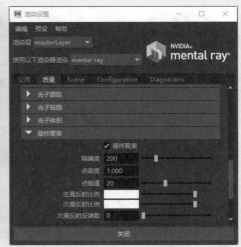

步骤19 渲染效果如下左图所示。

步骤20 选择茶具模型并按Ctrl+A组合键，打开属性编辑器，展开"漫反射"卷展栏，修改"粗糙度"值为0.6；展开"反射"卷展栏，修改"光泽度"值为0.6，如下右图所示。

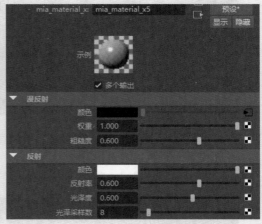

步骤21 渲染效果如下左图所示。

步骤22 展开BRDF卷展栏，勾选"使用菲涅尔反射"复选框，如下右图所示。

步骤 23 展开"各向异性"卷展栏,修改"各向异性"值如下左图所示。

步骤 24 最终渲染效果如下右图所示。

课后练习

1. 选择题

（1）Maya 2018中将材质分为（　　）种类型。

　　A.1　　　　　　　　　　　　　　　B.2

　　C.3　　　　　　　　　　　　　　　D.4

（2）常用的赋予材质的方法有（　　）种。

　　A.1　　　　　　　　　　　　　　　B.2

　　C.3　　　　　　　　　　　　　　　D.4

（3）在Maya 2018中，可以将纹理分为2D纹理、3D纹理、环境纹理和（　　）四种类型。

　　A. 其他纹理　　　　　　　　　　　　B.渐变纹理

　　C.反射纹理　　　　　　　　　　　　D.着色纹理

（4）要设置材质的颜色属性，则双击色块会弹出颜色选择的对话框，在该对话框中用户可以根据需要设置相应的颜色，默认为（　　）模式，也可以切换为RGB模式。

　　A. HDV　　　　　　　　　　　　　B.HUW

　　C. HSV　　　　　　　　　　　　　D. HIK

（5）创建材质节点的常用方法有（　　）种。

　　A.1　　　　　　　　　　　　　　　B.2

　　C.3　　　　　　　　　　　　　　　D.4

2. 填空题

（1）2D纹理通常作用于几何对象的表面，它的效果取决于＿＿＿＿＿和＿＿＿＿＿。

（2）透明度属性可以控制物体的透明度，默认情况下是完全＿＿＿＿＿，可以根据需要进行设置。

（3）环境色属性用于控制对象受周围环境的影响，默认情况下为＿＿＿＿＿，这时它并不会影响材质的颜色，当环境色的亮度提高时，它会影响材质的阴影和＿＿＿＿＿部分。

（4）偏心率用来控制高光扩散的大小，数值越大，高光点就越＿＿＿＿＿。

（5）镜面反射衰减用于控制高光的强度，数值越小，高光就越＿＿＿＿＿。

3. 上机题

　　打开随书光盘的kehoulianxi.mb文件，使用Mental Ray的Mia_Material_x材质球制作出玻璃材质效果，使用Mental Ray的Dielectric_Material材质球制作出饮料效果，渲染效果如下图所示。

第5章 摄影机与灯光

本章概述

在真实世界中摄影机的应用非常普遍,在Maya中,用户也是通过摄影机来观察物体和场景。Maya 2018中包含6种灯光类型,用户可以根据需要进行选择,不同的灯光会产生不同的光效,再配合真实的阴影效果,就可以创作出好的作品。

核心知识点

❶ 掌握摄影机的创建和使用方法
❷ 掌握摄影机的不同类型和属性
❸ 掌握灯光的创建和使用方法
❹ 掌握灯光的不同类型和属性
❺ 掌握灯光的阴影和光效设置

5.1 摄影机

Maya软件中的摄影机同电影拍摄应用的摄影机是一样的,都是用来记录或者表达故事分镜的工具。在Maya软件中,一个场景被建立以后会自动建立透视图、顶视图、前视图和侧视图4个摄影机,也就是界面中的视图。用户可以根据个人的需求建立摄影机,然后对其位置、角度、属性等进行修改。

5.1.1 摄影机创建

Maya软件的主菜单栏中执行"创建>摄影机>摄影机"命令,如下左图所示。即可在X、Y、Z坐标原点处创建一个摄影机,且默认情况下摄影机处于被选定状态,如下右图所示。然后根据需要来调节摄影机的属性、位置等。

 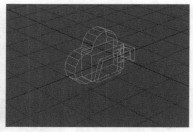

用户也可以在工具架上单击"创建摄影机"按钮,即可直接创建摄影机,如右图所示。

5.1.2 摄影机类型

摄影机可以分为3种类型,即摄影机,摄影机和目标,摄影机、目标和上方向,下面逐一介绍这3种摄影机的用途。

1. 摄影机

摄影机没有控制柄,经常用于单帧渲染或做一些简单的场景动画,不能用来制作比较复杂的动画效果,一般把这种摄影机称为单节点摄影机,如右图所示。

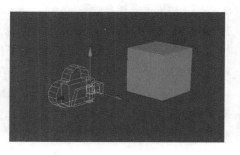

2. 摄影机和目标

摄影机和目标有一个控制柄，经常用于制作一些稍微复杂的动画，例如路径动画或者注释动画，一般把这种摄影机叫作双节点摄影机，如右图所示。

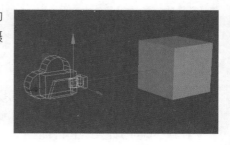

3. 摄影机、目标和上方向

带控制柄的目标摄影机，比目标摄影机具有更多元化的操作，使用控制柄可以控制摄影机的旋转角度，制作一些比较复杂的动画，一般把这种摄影机称为多节点摄影，如右图所示。

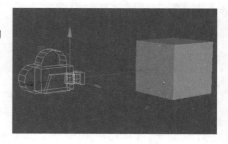

5.1.3 摄影机属性

创建摄影机后会显示其默认属性，但默认属性不一定能满足用户的需要，这时用户可修改属性的参数。在Maya中，摄影机可以放置在场景中的任意位置，在现实世界中这是很难实现的。

1. 摄影机属性

在创建摄影机前一般需要设置其属性，在主菜单栏中执行"创建>摄影机"命令后，从子菜单栏中单击"摄影机"后的选项框，如下左图所示。打开"创建摄影机选项"对话框，进行参数设置，如下中图所示。或在创建摄影机后，按Ctrl+A组合键打开摄影机通道盒，然后单击"摄影机属性"折叠按钮，在打开的选项区域中设置其参数，即可改变摄影机的属性，如下右图所示。

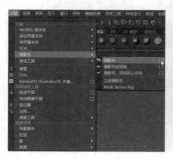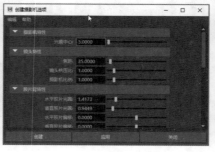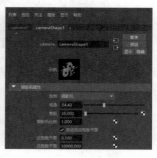

下面对摄影机通道盒的"摄影机属性"选项区域中主要参数的应用进行介绍。

- **控制**：单击右侧的下拉按钮，可以选择3种不同类型的摄影机（即摄影机，摄影机和目标，摄影机、目标和上方向），而不用重新创建新的摄影机。
- **视角**：用于设置摄影机的视野范围，视角的大小决定了视野范围的大小，也决定了物体在摄影机画面中的大小。视角参数越大，物体在摄影机画面中所占的比例越小。
- **焦距**：该选项用于设置镜头中心到胶片的距离，该数值越大，摄影机的焦距就越大，目标物体在摄影机画面中所占的比例就越大。

- **摄影机比例**：按比例来设置摄影机视野的大小，该参数越小，目标物体在摄影机视图中就越大。
- **自动渲染剪裁平面**：勾选该复选框，系统会自动设置剪裁平面。在Maya 2018中，摄影机只能看到有限范围内的对象，一个摄影机的范围可以用剪裁平面来描述。如果不勾选该复选框，则渲染时看不到剪裁平面以外的物体。
- **近剪裁平面**：用于设置从摄影机到近剪裁平面的距离数值，近剪裁平面是指定位于摄影机视线最近点上的一个虚拟的平面。这个平面是不可见的，在摄影机视图中，大于近剪裁平面的对象都是可见的，如下左图所示。小于近裁剪平面的对象都是不可见的，如下右图所示。

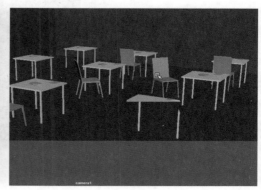

- **远剪裁平面**：用于设置摄影机到远剪裁平面的距离。远剪裁平面是指定位于摄影机视线最远点上的一个虚拟平面。在摄影机视图中，小于远剪裁平面都是可见的，如下左图所示。大于远剪裁平面的对象都是不可见的，如下右图所示。

2. 胶片背

在摄影机通道盒面板中切换到cameraShape1选项卡，展开"胶片背"选项区域，可以设置相关的参数，如下图所示。用户可以在通道盒"胶片背"面板中单击"胶片门"下拉按钮，选择一个预设好规格属性的摄影机。如果用户没有找到合适的预设，就必须手动设置下面的参数，直到满意为止。

下面对"胶片背"选项区域中主要参数的应用进行介绍。

- **胶片门**：单击该下拉菜单，Maya 2018会给出很多已经预设好的摄影机规格，用户可根据自己的需要进行选择。
- **摄影机光圈（英寸）**：该选项用于控制摄影机光圈的高度和宽度，摄影机光圈控制"焦距"的关系和"垂直视图"的关系。
- **胶片纵横比**：用于设置摄影机光圈的高度和宽度比。当改变摄影机光圈的参数时，此项数值也会自动更新。

- **镜头挤压比**：用于设置摄影机透视水平压缩影像的数量。大部分摄影机不会压缩影像，它们的透视压缩比率是1。然而一些摄影机需要把宽屏视频放入正方形的胶片内，进行水平压缩。
- **适配分辨率门**：用于控制分辨率门相对于胶片门的大小。
- **胶片偏移**：以屏幕为标准，水平或垂直移动分辨率门或胶片门，一般此选项为0。必要时，可以设置该属性在两个方向上移动视图。

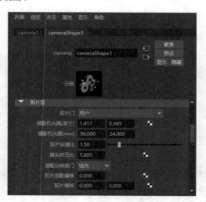

5.1.4 摄影机景深

现实世界中的摄影机都会有一个拍摄的距离范围，在这个范围内的对象都是聚焦的，看起来是清晰的，而在这个范围外的对象都是模糊的，这个范围被称为景深。在拍摄电影时，景深是经常用到的一种表现手法，当目标需要特写时，就需要用到景深效果。

在Maya 2018中，摄像机的默认属性都是聚焦的，所有被摄像机拍摄到的画面都是清晰的，如果用户要制作景深效果，可以在"摄影机"属性中展开"景深"面板进行设置，如下图所示。

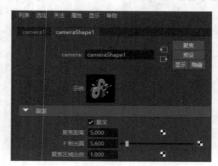

下面对"景深"选项区域中主要参数的应用进行介绍。

- **景深**：勾选该复选框开启景深功能，否则下面的参数将不能进行设置。
- **聚焦距离**：调节该参数可以设置景深最远点与最近点之间的距离，该参数若设置得比较大，近处的物体会模糊，而远处的物体会变得清晰，如下左图所示。该参数若设置得比较小，近处的物体会变得清晰，而远处的物体会变得模糊，如下右图所示。

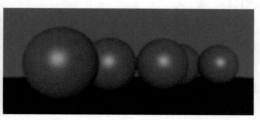

● **F 制光圈**：调节该参数可以设置景深范围的大小，该值越小，景深越短，如下左图所示。该值越大，则效果反之，如下右图所示。

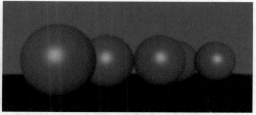

● **聚焦区域比例**：该参数用于设置摄影机与物体之间的距离范围，当目标对象在这个距离范围内时，会变得清晰可见，反之则会变得模糊不清。改变场景中的线性单位，景深会随之发生改变，而想要景深保持不变，就可以使用"聚焦区域范围"来进行弥补。

5.2　灯光

在日常生活中，灯光是不可缺少的，在Maya软件中，灯光同样有很关键的作用。在Maya 2018中，灯光对于整个场景的影响是巨大的，特别是灯光和材质的结合应用尤为重要，在不考虑灯光的情况下，调节材质是没有任何意义的，因为无论什么色彩都只有通过光的照射才可以表现出来。下面将对灯光的类型、属性和操作进行详细介绍。

5.2.1　灯光的创建及显示

在Maya中，灯光必须先创建然后才可以使用，灯光的创建和前面学过的模型创建过程一样。灯光创建完毕，用户可以根据自己的需要对灯光进行编辑。

1. 灯光的创建

在Maya 2018中，常用的灯光创建方法的3种，下面分别进行介绍。

方法1：在菜单栏中创建，即在菜单栏中执行"创建>灯光"命令，在打开的子菜单中选择要创建的灯光，如下图所示。

方法2：在工具架中创建，即在Maya 2018的"渲染"工具架中包含6种不同的灯光按钮，用户可以根据需要单击所需的灯光按钮，即可直接创建摄影机，如下图所示。

方法3：用户可以执行"窗口>渲染编辑器"命令，在子菜单栏中选择Hypershader选项，打开材质编辑器。在材质编辑器中，用户可以执行"创建>灯光"命令，然后在打开的子菜单中选择要创建的灯光。

2. 灯光的类型切换

创建灯光后，灯光会显示在X、Y、Z坐标原点处，如下左图所示。如果用户需要不同的灯光类型，可以在灯光属性面板的"类型"下拉列表中选择需要的灯光类型，如下右图所示。

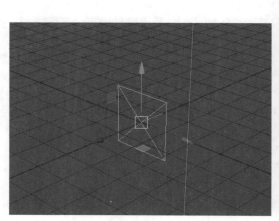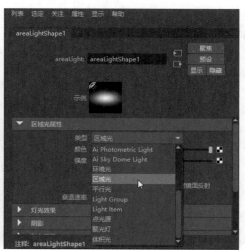

3. 灯光的显示

灯光创建完毕后，如果用户需要显示灯光，可以选择"显示>显示>灯光"命令，如下左图所示。如果要隐藏灯光，可以选择"显示>隐藏>灯光"命令，在视图中隐藏灯光，如下右图所示。

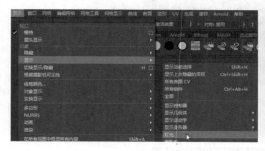

用户还可以在"显示"下拉列表中勾选"灯光"复选框，来选择显示灯光；取消勾选"灯光"复选框，则不显示灯光，如下图所示。

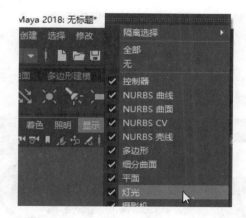

5.2.2 灯光的类型

现实世界中有很多种类的灯光，在Maya中也是如此。Maya 2018中有6种基本类型的灯光，分别是"环境光""平行光""点光源""聚光灯""区域光"和"体积光"，每种灯光都有不同的用法，灵活运用好这6种灯光可以模拟现实中的大多数光效。下面对这6种基本类型的灯光进行具体介绍。

1. 环境光

环境光有两种不同的照射方式，一种类似于一个点光源，光线从光源的位置均匀地向各个方向照射，另一种是光线从内表面所有的地方平均照射，犹如一个无限大的空心球体从内表面均匀地发射灯光一样。使用环境光可以模拟另外两种灯光（平行灯光和无方向灯光），环境光的照明效果如下图所示。

下面对创建环境光的参数进行具体介绍，首先用户可以在主菜单栏中执行"创建>灯光"命令，从子菜单中勾选"环境光"选项，如下左图所示。将打开"创建环境光选项"对话框，如下右图所示。

下面对"创建环境光选项"对话框中各参数的应用进行介绍。

● **强度：**该参数用于调节灯光的强度大小，数值越大，灯光的强度就越强；数值越小，灯光的强度就越弱。

● **颜色 ：**该选项用于设置灯光的颜色，拖动"颜色"滑块可以调整颜色的明亮程度，单击色块区域会出现一个拾色面板，如下图所示。

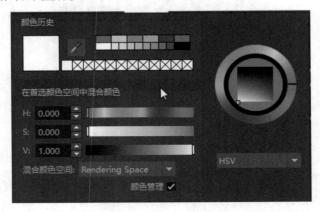

● **环境光明暗处理：**该参数用于设置平行光和环境光的比率。当该数值为0时，灯光从四周均匀地照射光线来照明场景，体现不出光源的方向，画面呈一片灰状；该数值为1时，光线从环境光位置发出，类似一个点光源的照明效果。

● **投射阴影：**控制灯光是否投射阴影，"环境光"没有深度阴影贴图，只有光线追踪阴影。

● **阴影颜色：**该选项用于设置阴影的颜色，拖动滑块可以调节阴影的明亮程度，单击"阴影颜色"色块会出现一个拾色面板，在此面板中用户可以选择需要的颜色，在Maya 2018中默认为黑色。

● **阴影光线数：**该参数用于控制阴影边缘的躁波程度，Maya 2018中默认该参数为1，最小值为1，最大值为6，在"属性编辑器"中可以设置"阴影光线数"大于6的数值。

2. 平行光

平行光设置的光线是从一个地方均匀发射灯光，光线是互相平行的，用平行光可以模拟出一个非常远的点光源发射灯光，平行光照明效果如下左图所示。打开"创建平行光选项"对话框的方法与环境光打开"创建平行光选项"方法相同，这里不再介绍。平行光"创建平行光选项"对话框如下右图所示。

"创建平行光选项"对话框中的"强度""颜色""投射阴影""阴影颜色"参数设置前面已经介绍过，这里不再一一介绍。下面只介绍平行光所特有的属性。

交互式放置： 勾选此复选框后视图会变为灯光视图，如右图所示，用户可以旋转、移动、缩放灯光视图来调节灯光作用于物体的地点。

3. 点光源

点光源是用户会经常用到的灯光，该灯光是从光源位置处向各个方向平均发射的光线。点光源照明效果如下左图所示。"创建点光源选项"对话框如下右图所示。

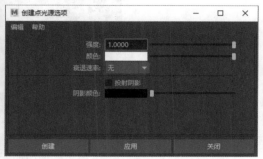

在"创建点光源选项"对话框中的"衰退速率"参数用于设置灯光的衰退速率。灯光沿着大气传播后会逐渐被大气所阻挡，这样就形成了衰减效果，它与美术学中的近实远虚是一个道理。衰退速率包括4种衰减方式，分别是"无衰退""线性""二次方""立方"。其中，"无衰退"是没有衰减，"线性"衰减是使用线性方式产生衰减，"二次方"衰减比较接近真实世界灯光的衰减，"立方"衰减是使用立方算法产生衰减。

4. 聚光灯

聚光灯的光线是从一个点发出，沿着一个圆锥形区域均匀地向外扩散，聚光灯是Maya 2018中使用得最为频繁的灯光类型，它可以模拟很多的灯光，例如手电筒或者汽车前灯发出的灯光，聚光灯照明效果如下左图所示。"创建聚光灯选项"对话框如下右图所示。

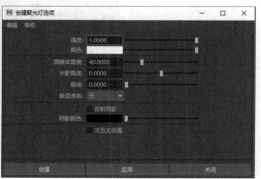

- 圆锥体角度：该数值可以设定聚光灯的锥角角度，在Maya 2018中，该值默认为40。
- 半影角度：该数值可以设置聚光灯的半影角，即光线在圆锥边缘的衰减角度。
- 衰减：该参数用于设置聚光灯强度从中心到聚光灯边缘衰减的速率，"衰减"数值越大灯光衰减的速率就越大，光线就会比较暗，光线的边界轮廓会显得更加柔和，在Maya 2018中，该值默认为0。

5. 区域光

区域光在Maya 2018中也会经常用到，用户可以根据自己的需要来调整区域光的尺寸和位置，使用变换工具便可进行操作，使用较为方便。区域光还可模拟光线从窗户穿过照射进室内的效果，区域光照明效果如下图所示。

6. 体积光

体积光和其他类型的灯光不同，它可以更好地体现灯光的延伸效果或限定区域内的灯光效果。体积光使用较为便利的地方在于，用户可以控制光线所到达的范围。使用"移动""旋转""缩放"工具可以调节体积光的位置、角度、大小。体积光还可以用来模拟发光物体，如蜡烛、灯泡等的发光效果，其照明效果如下图所示。

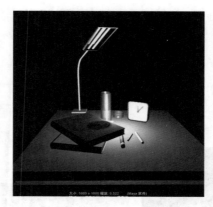

5.2.3 灯光阴影

在现实世界中，有光就会有阴影，阴影可以让物体变得有立体感，还可以渲染环境气氛。在Maya 2018中阴影同样非常重要，使用恰当将会让场景更有立体感。

1. 深度贴图阴影

深度阴影是描述从光源到目标物体之间的距离，它的阴影文件中有一个渲染产生的深度信息，每一个像素中代表了指定方向上从灯光到最近的投射阴影对象之间的距离。深度贴图阴影在大多数情况下都能够产生比较好的效果，但是渲染时间会加长。

　　选中场景中包含深度贴图阴影的灯光，在其右侧的"属性编辑器"中可以找到"深度贴图阴影属性"选项区域，如下图所示。

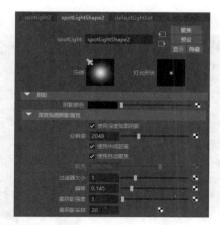

下面对"深度贴图阴影属性"选项区域中的属性进行介绍。

- **使用深度贴图阴影：** 只有勾选此复选框，深度贴图阴影才被激活。
- **分辨率：** 设置深度贴图阴影的分辨率，该数值越小，阴影边缘锯齿越明显，渲染质量就越低；该数值越大，阴影就越柔和，但是渲染时间会变长。
- **过滤器大小：** 该数值可以调节边缘的柔化程度，参数越大，阴影越柔和，如下图所示。

- **偏移：** 调节该数值可以使阴影和物体表面分离，"偏移"数值变大时，物体的阴影就会只留下一部分，当数值为1时，阴影完全消失，如下图所示。

2. 光线跟踪阴影

在创建"光线跟踪阴影"时，Maya的灯光光线会根据照射目的地到光源之间运动的路径进行跟踪计算，从而产生光线跟踪阴影，如下图所示。光线跟踪阴影能够制作半透明物体的阴影，例如玻璃物体，而深度贴图阴影不能制作，光线跟踪阴影制作阴影效果较为细腻，但是耗时较长。

选中一盏灯，在其右侧的"属性编辑器"中可以找到光线跟踪阴影的属性设置，如下图所示。

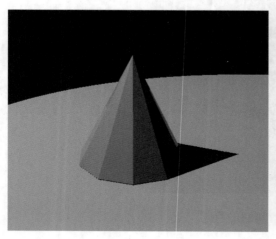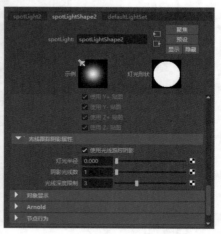

下面对"光线跟踪阴影属性"选项区域中的属性进行介绍。

● **使用光线跟踪阴影**：只有勾选此复选框时，光线跟踪阴影才被激活。此复选框和"使用深度贴图阴影"是相对应的，只能启用一项，两者不能同时选择。

● **灯光半径**：用于扩大阴影的边缘，该数值越大，阴影就越大，但是阴影边缘会呈现出粗糙的颗粒状效果。

● **阴影光线数**：该数值越小，阴影的边缘就越锐利，同时也会呈现出粗糙的颗粒状效果。该数值越大，阴影的边缘就越柔和，显得越真实，如下图所示。

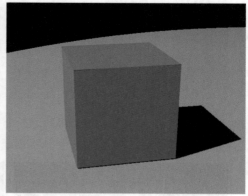

● **光线深度限制**：调节此参数可以改变灯光光线被反射或折射的最大次数。该数值越小，反射次数就越少。

5.2.4 灯光效果

灯光效果可以在场景中增加不同的光学效果，从而使光照更加丰富和真实。通过对光学特效属性的设置，可以模拟真实世界中的多种光学效果。

1. 灯光雾

灯光雾可以产生一个肉眼可见的光照范围，经常和聚光灯配合使用。

在Maya 2018中，选中一盏灯，在其右侧的属性编辑器中对"灯光效果"选项区域中的参数进行设置，如下图所示。

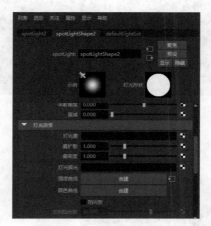

- **灯光雾：** 用于自定义灯光雾的名称，单击右侧的方块按钮可以创建灯光雾。
- **雾扩散：** 该数值可以控制灯光雾的分布情况，数值越高，光线分布越密集。
- **雾密度：** 该参数可以控制灯光雾的照明强度，数值越小灯光雾越弱，数值越大灯光雾就越强。

2. 辉光

辉光是产生在光源位置的一种特殊的灯光效果，辉光的颜色、强度和灯光都会受到大气的影响，一般看到的辉光是由太阳产生的。

在Maya 2018中，选中一盏灯，在其右侧的"属性编辑器"中可以找到"灯光效果"参数设置区域，单击"灯光辉光"右侧的方块按钮，打开opticalFX1面板，如下图所示。

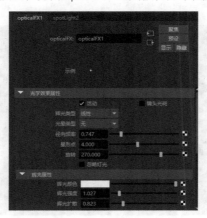

下面对光学效果的参数进行介绍。

- **活动：** 勾选此复选框可以使光学特效起作用。
- **辉光类型：** 用于选择辉光的类型，辉光有6种类型，分别是"无""线性""指数""球""镜头光斑"和"边缘光晕"。
- **光晕类型：** 可以根据用户的需要选择光晕的类型。
- **旋转：** 此数值可以改变光线旋转的角度，如下图所示。

- **辉光颜色：** 用于设置辉光的颜色，拖动滑块可以调节颜色的明亮程度。
- **辉光强度：** 该数值可以改变辉光的亮度，数值越小，亮度越弱。
- **辉光扩散：** 调节该参数可以改变辉光的尺寸，数值越小，辉光的尺寸就越小，如下图所示。

- **辉光噪波：** 设置辉光的噪波强度，如下左图所示。
- **辉光径向噪波：** 该数值越大，光线的噪波越清晰；该数值越小，光线的噪波越模糊，如下右图所示。

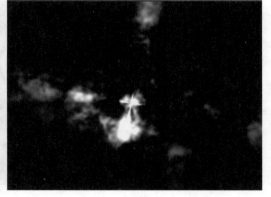

- **辉光星形级别：** 调节辉光束的宽度，该数值越小，光束就越窄。
- **辉光不透明度：** 设置辉光的不透明度。

3. 光晕

光晕是指强光周围的光圈，主要由环境中的粒子反射和折射形成。产生光晕的物体的表面类型和光的强度不同，光晕的大小和形状也会有所区别。

在Maya 2018中，选中一盏灯，在其右侧的"属性编辑器"中可以找到"灯光效果"参数设置区域，单击"灯光辉光"右侧的方块按钮，打开opticalFX1面板，然后可以对光学效果属性进行参数设置，如下图所示。

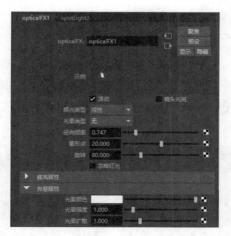

- **光晕颜色：** 调节光晕的颜色，拖动滑块可以控制颜色的明亮程度。
- **光晕强度：** 该参数可以调节光晕的亮度，数值越小，亮度越弱，如下图所示。

- **光晕扩散：** 调节光晕的扩散属性可以改变光晕的大小，如下图所示。

知识延伸：摄影机视图与灯光链接

摄影机视图在Maya 2018中有两种不同的类型，这两种类型有不同的使用方法。

灯光链接在场景布光中经常使用，它分为"以灯光为中心"和"以对象为中心"两种链接方式。

1. 摄影机视图

摄影机视图分为两种类型，一种为透视摄影机视图，另一种为正交摄影机视图，两种摄影机类型可以根据需要进行切换。用户可选中摄影机后，在右边的"属性编辑器"中单击"正交视图"，然后勾选"正交"复选框激活正交摄影机视图，如下图所示。

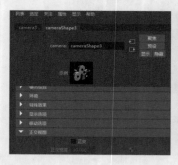 

透视摄影机视图类似于真实世界中摄影机会产生的透视效果，最终渲染会使用透视摄影机视图。正交摄影机视图不会产生透视的效果，用户在检查对象的尺寸和对齐时，可以利用正交摄影机视图，但不用来渲染场景。

2. 灯光链接

灯光链接就是排除场景中不需要的灯光，让某个灯光只照亮指定的物体。灯光链接在场景较为复杂的布光中经常使用。灯光有两种链接方式，分别是"以对象为中心"和"以灯光为中心"的链接方式。

用户可执行"窗口>关系编辑器>灯光>以灯光为中心"命令，打开"关系编辑器"对话框，如下左图所示。选中要断开的模型pCone1，如下右图所示。

 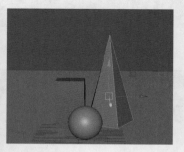

切换到渲染视图进行渲染，如右图所示。

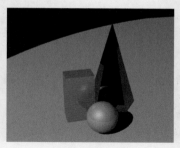

上机实训：室内场景布灯

学习完本章内容后，下面将通过具体实例介绍室内场景布光全流程，通过对灯光的合理运用让场景看起来更为真实。本案例将介绍创建摄影机、创建平行光、区域光和环境光的具体设置方法。具体操作步骤如下。

步骤 01 打开"上机实训.mb"场景文件，如下左图所示。

步骤 02 执行"创建>摄影机>摄影机"命令，创建一个摄影机，调整角度放在合适的位置，如下右图所示。

 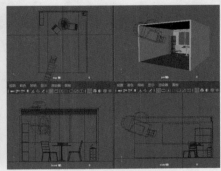

步骤 03 选中摄影机，执行工具架下面的"面板>沿选定对象观看"命令，可进入摄影机视角并观察和调整摄影机的角度、位置，如下左图所示。

步骤 04 选中摄影机，打开"属性编辑器"对话框，将背景色设置为需要的颜色，如下右图所示。

 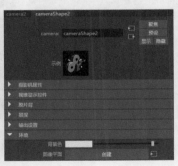

步骤 05 将摄影机背景色改为需要的颜色，渲染效果如下左图所示。

步骤 06 执行"创建>灯光>平行光"命令，创建一个平行光作为场景的主光源，放在窗外斜上方，用于模拟太阳的光线，平行光位置如下右图所示。

 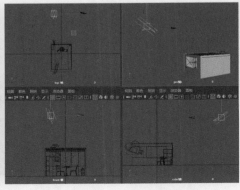

步骤 07 打开平行光的"属性编辑器"面板,将灯光颜色设置为淡黄色。打开拾色器,设置参数为H: 44.9797、S: 0.186、V: 1,如下左图所示。

步骤 08 打开平行光的"属性编辑器"面板,打开阴影属性设置区域,勾选"使用光线跟踪阴影"复选框,如下右图所示。

步骤 09 选择"渲染"模块,执行"渲染>渲染设置"命令,打开"Maya软件"对话框,在"光线跟踪质量"选项区域中勾选"光线跟踪"复选框后场景才会有阴影,如下左图所示。

步骤 10 平行光渲染效果如下右图所示。

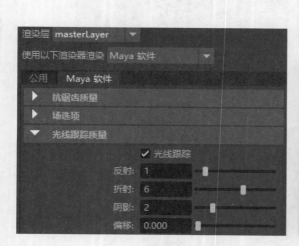 

步骤 11 执行"创建>灯光>区域光"命令,创建一个区域光放在窗外,用于配合平行光照亮室内,区域光位置如下左图所示。

步骤 12 打开区域光的"属性编辑器"设置区域,将灯光颜色设置为淡黄色。打开拾色器,将参数设置为H: 41.076、S: 0.09、V: 1,其他参数设置如下右图所示。注意:阴影属性中"使用深度贴图阴影"和"使用光线跟踪阴影"复选框不要勾选。

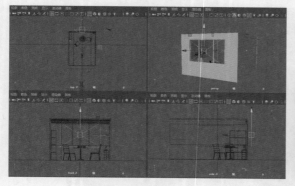 

步骤 13 渲染效果如下左图所示。

步骤 14 执行"创建>灯光>环境光"命令，创建一个环境光放在室内，这盏灯用于照亮室内背光的地方，环境光位置如下右图所示。

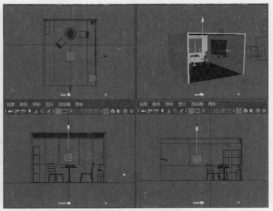

步骤 15 打开环境光的"属性编辑器"面板，参数设置如下左图所示。注意：阴影属性中的"使用深度贴图阴影"和"使用光线跟踪阴影"复选框不要勾选。

步骤 16 渲染效果如下右图所示。

步骤 17 执行"创建>灯光>区域光"命令，创建第二盏区域光，放在墙外侧，区域光位置如下左图所示。

步骤 18 第二盏区域光属性设置如下右图所示。注意：阴影"使用深度贴图阴影"和"使用光线跟踪阴影"复选框不要勾选。

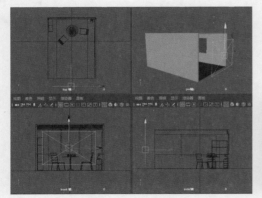

步骤19 增加区域光的渲染。至此,场景的布光就完成了,最终效果如下图所示。

课后练习

1. 选择题

（1）摄影机可以分为（　　）种类型。

    A.1
                B. 2

    C. 3
                D.4

（2）灯光特效中的辉光有（　　）种类型。

    A.3
                B. 4

    C. 5
                D.6

（3）灯光有（　　）种阴影效果。

    A.1
                B. 2

    C. 3
                D.4

（4）摄影机视图分为（　　）种类型。

    A.1
                B. 2

    C. 3
                D.4

2. 填空题

（1）在Maya 2018中有_____种基本类型的灯光。

（2）灯光特效有三种效果，分别是_____、辉光、光晕。

（3）默认场景中包含_____个摄影机视图。

（4）在Maya 2018中，常用的创建灯光方式有_____种。

（5）灯光有两种链接方式，分别是_____和_____的链接方式。

（6）光晕是指强光周围的光圈，主要由环境中的粒子_____和_____形成。

3. 上机题

    在本章内容的讲解中，已经介绍了摄影机和灯光的使用方法，在本练习中，要求读者根据之前学过的技巧创建一个较为真实的场景，并且为场景布光，最终效果如下图所示。

第6章　渲染

本章概述

渲染是动画制作的最后一道工序，本章将对Maya 2018的渲染技术进行介绍，主要讲述渲染的基础知识、渲染器的类型以及不同渲染器的参数设置。此外，还介绍了在Maya 2018中用户如何根据需要设置渲染器的通用属性。

核心知识点

❶ 了解3种渲染算法的区别
❷ 掌握渲染器公用属性的设置
❸ 掌握Maya软件渲染器的使用
❹ 掌握Maya向量渲染器的用法
❺ 了解Maya Arnold渲染器的应用

6.1　渲染基础知识

在场景或角色材质灯光环节结束后，接下来要将三维场景中的场景模型、角色模型和光影效果等转化输出成最终的图片或者视频，这就需要用到Maya渲染方面的知识了，本节将对此进行介绍。

6.1.1　渲染的概念

渲染，英文名为Render，是指将三维场景中的场景模型、角色模型和光影效果等转化输出成最终的图片或者视频的过程。在Maya 2018中制作的模型、灯光、材质及动画等矢量元素文件，可以通过渲染生成脱离Maya工作环境的二维像素文件，下图是由迪士尼影业出品的《疯狂动物城》效果图。

6.1.2　渲染算法

在Maya 2018中，不管是内置渲染器还是外置渲染器，归纳起来一般有扫描线、光线跟踪和光能传递3种渲染算法，用户可以针对不同的场景使用不同的算法进行渲染。

1. 扫描线渲染

扫描线渲染的原理是将场景中的物体直接投射到视平面上，通过观察物体的纵度来决定物体效果。通常，距离视平面最远的物体会变得模糊，也会失去细节；距离视平面最近的物体则变得清晰，细节丰富。

2. 光线跟踪

光线跟踪是一种模拟真实物体质感的渲染算法，它可以扫描视平面上的所有像素，找出与视线相交的物体表面点，并继续跟踪。

3. 光能传递

光能传递主要用来模拟真实的全局光照明。光能传递可以对场景中所有物体表面之间的光和颜色的漫反射进行计算，计算光线能够影响到的物体区域。

6.2　渲染器公用属性

在Maya 2018中，"公用"选项卡中的属性是不同类型渲染器所通用的，用户可以根据需要设置文件的保存格式以及图像的大小等，下面对这些属性进行介绍。

6.2.1　文件输出

"文件输出"卷展栏主要用于设置文件输出的名称和保存格式。用户可切换为渲染模块，在主菜单栏中执行"渲染>渲染设置"命令，如下左图所示。打开"渲染设置"面板，如下右图所示。

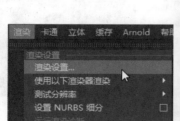

提示：其他打开"渲染设置"面板的方法

用户还可直接单击标题栏上的"显示渲染设置"按钮，打开"渲染设置"面板，如右图所示。

"渲染设置"面板中"文件输出"卷展栏的参数设置如右图所示，下面对一些常用参数的含义进行介绍。

- **文件名前缀**：该参数用于设置图像文件的名称。
- **图像格式**：用户可以根据需要在下拉列表中选择渲染输出文件的保存格式。
- **帧/动画扩展名**：该参数有两个作用，一是用来选择渲染单帧或是渲染动画；二是选择渲染输出文件采用的格式。
- **帧填充**：设置图像序列的位数。

6.2.2 Frame Range

Frame Range卷展栏用于设置渲染动画时的开始帧、结束帧和帧
数，如右图所示。下面对Frame Range卷展栏中常用参数的含义进行具体
介绍。

- **开始帧**：该数值用于设置渲染动画的开始帧。
- **结束帧**：该数值用于设置渲染动画的结束帧。
- **帧数**：该参数用来设置所渲染动画的总帧数。

6.2.3 图像大小

"渲染设置"面板中"图像大小"卷展栏主要用于设置所输
出的图像大小以及精度，其参数设置如右图所示。

下面对"图像大小"卷展栏中的参数应用进行具体介绍。

- **预设**：下拉列表中提供了多种预置分辨率的形式。
- **保持宽度/高度比率**：勾选此复选框，将依据当前的宽高
  比进行锁定，改变宽度或者高度值时，另一个数值也将
  随之发生变化。
- **保持比率**：该参数有两个选项，像素纵横比和设备纵横
  比分别用来设置不同的图像的纵横比。
- **宽度/高度**：这两个数值框用于设置像素的宽度和高度值。
- **大小单位**：用于选择图片尺寸的单位，下拉列表中有6种单位，分别是像素、英寸、厘米、毫米、
  点、派卡。系统默认为像素。
- **分辨率**：即图像分辨率，渲染出来的图片用来印刷时此参数才会起作用，Maya 2018默认的分辨率
  为72。
- **分辨率单位**：可以选择的分辨率单位有两种，分别为"像素/英寸"和"像素/厘米"。
- **设备纵横比**：设置当前设备的纵横比。
- **像素纵横比**：设置显示设备单个像素的纵横比。

6.3 渲染器

现在三维渲染的相关渲染器也呈现出百花齐放的状态，出现了很多种类，例如：Maya软件、Maya
硬件、Maya向量、Mental Ray、V-Ray渲染器等。不同的渲染器使用方法不同，计算方式都不相同，
所以各具优势，渲染效果也是大不相同。

6.3.1 软件渲染

在Maya 2018中，软件渲染是常用的渲染方式，可以用来渲染除了硬件粒子外的所有效果，用户可
以根据需要设置抗锯齿级别来控制渲染的速度和品质。

打开"渲染设置"面板，用户可以在"使用以下渲染器渲染"下拉列表中选择需要使用的渲染器，如下左图所示。选择"Maya软件"选项后，"渲染设置"面板的相关参数设置如下右图所示。

下面对"Maya软件"选项卡中的一些常用参数的含义进行具体介绍。

- **"抗锯齿质量"卷展栏**：该卷展栏中的参数用与控制渲染的抗锯齿效果。
  - **质量**：在该下拉列表中，用户可以根据需要选择系统预定义的抗锯齿质量级别。
  - **边缘抗锯齿**：用于控制物体边界渲染抗锯齿的程度。
- **"采样数"卷展栏**：该卷展栏中的参数用来设置渲染结果的采样数值，采样数值设置得高，渲染出的图像效果就越好，但是渲染所用的时间也就越长。
- **"光线跟踪质量"卷展栏**：该卷展栏中的参数用于控制渲染场景时光线跟踪的质量。
  - **光线跟踪**：勾选此复选框则开启光线跟踪效果，Maya在渲染时会计算光线跟踪。
  - **反射**：该参数用于控制光被反射的次数，取值范围为0~10。
  - **折射**：该参数用于控制光被折射的次数，取值范围为0~10。
  - **阴影**：该参数用于设置光线被反射或折射后仍能对物体投射阴影的最大次数，值为0时阴影消失，如下左图所示。值为10时，效果如下右图所示。

6.3.2 Maya向量渲染

Maya的向量渲染功能可以渲染单色和多色喷绘效果，不仅可以制作简单的卡通勾边，还可以生成矢量文件。下左图为场景文件，下右图为渲染后的效果。

打开"渲染设置"面板后，用户可以在"使用以下渲染器渲染"下拉列表中选择"Maya向量"渲染器选项，在"Maya向量"选项卡中可以对渲染参数进行设置，如下右图所示。

下面对"Maya向量"选项卡中的一些常用参数的应用进行介绍。

1."外观选项"卷展栏

● **曲线容差**：该参数用于设置在渲染时绘制曲线的精度。
● **细节级别预设**：用于选择渲染效果的预设等级。
● **细节级别**：用于控制渲染效果细节的级别。

2."填充选项"卷展栏

● **填充对象**：勾选此复选框，开启填充对象模式。
● **填充样式**：用于选择渲染时物体的填充方式。

3."边选项"卷展栏

● **包括边**：勾选此复选框，渲染时会产生边线效果，下左图为没有勾选此复选框的渲染效果，下右图为勾选此复选框的渲染效果。

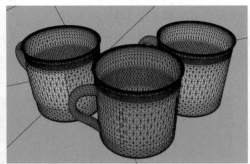

● **边权重预设**：用户可以根据需要选择其中一种预置的边线权重。
● **边权重**：用于设置渲染边线的权重。
● **边样式**：用于选择渲染边线的类型。
● **隐藏的边**：启用此项，可以观看物体的背面边线效果。

6.3.3 Arnold渲染器

Arnold渲染器是基于物理算法的电影级别渲染引擎，现在已经被越来越多的电影、动画公司和工作室作为首席渲染器使用。用户可以切换到渲染模块，执行"渲染>渲染设置"命令，打开"渲染设置"面板，切换到Arnold Renderer选项卡，对Arnold渲染器的相关参数进行设置，如下图所示。

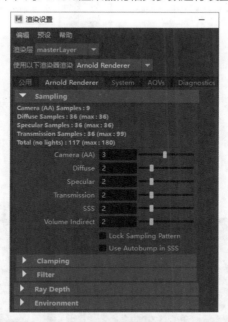

> **提示：硬件渲染**
>
> 硬件渲染是通过显卡实现图样的渲染效果，渲染速度快、精度高，对显卡的要求较高，可以渲染粒子用于后期合成。软件渲染更多的是依托于自身和操作系统中的图像处理方式，硬件渲染是采用计算机硬件图像处理技术。

 知识延伸：渲染的快捷方式和批渲染介绍

在执行渲染操作时，用户可以使用较为快捷的方式打开"渲染视图"和"渲染设置"面板，然后根据实际需要选择渲染单帧还是动画，下面对渲染的快捷方式和批渲染的使用进行简单介绍。

1. 渲染的快捷方式

用户可以单击标题栏右侧的"打开渲染视图"按钮，如下左图所示。系统会自动打开上次渲染的图像文件，单击"渲染当前帧"按钮，系统会自动渲染当前帧，如下右图所示。

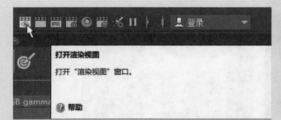 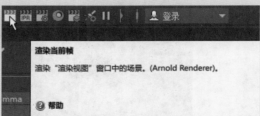

单击标题栏右侧的"IPR 渲染当前帧"按钮，如下左图所示。系统会进行实时渲染，用户可以看到实时修改的渲染效果。单击"显示渲染设置"按钮，可以打开"渲染设置"面板进行参数设置，如下右图所示。

2. 批渲染

批渲染主要在制作动画时使用，用户可根据需要设置渲染图像保存格式、图像的名称等，设置完成后执行"批渲染"命令，系统将根据用户的设置开始批量渲染。

在"渲染设置"面板的"帧范围"卷展栏中，用户可以根据需要对帧范围进行设置，如下左图所示。选择渲染模块，在主菜单栏中执行"渲染>批渲染"命令后，系统将根据设置的帧范围开始自动渲染，如下右图所示。

上机实训：应用软件渲染器对场景进行渲染

通过本章内容的学习，相信用户对使用Maya软件渲染器进行渲染有了一定的了解，下面将通过具体实例介绍软件渲染器的具体应用，操作过程如下。

步骤 01 打开desk.mb场景文件，如下左图所示。

步骤 02 切换到渲染模块，执行"渲染>渲染设置"命令，打开"渲染设置"面板，如下右图所示。

 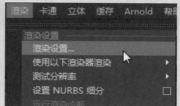

步骤 03 打开"Maya软件"选项卡，展开"抗锯齿质量"卷展栏，选择"质量"为"产品级质量"，选择"边缘抗锯齿"为"最高质量"，如下左图所示。

步骤 04 用户可以根据需要设置渲染输出文件的保存格式，然后对图像分辨率的大小等参数进行设置，如下右图所示。

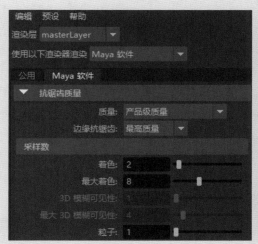 

步骤 05 创建一个摄影机，选中摄影机并执行"面板>沿选定对象观看"命令，进入摄影机视角，如下左图所示。

步骤 06 单击"渲染当前帧"按钮，执行渲染操作，最终效果如下右图所示。

课后练习

1. 选择题

（1）常用的打开"渲染设置"面板的方式有（ ）种。

    A. 1　　　　　　　　B. 2　　　　　　　　C. 3　　　　　　　　D.4

（2）在Maya 2018中，不管是内置渲染器还是外置渲染器，归纳起来大概有（ ）种渲染算法，针对不同的场景可能需要不同的算法进行渲染。

    A. 1　　　　　　　　B. 2　　　　　　　　C. 3　　　　　　　　D.4

（3）"保持比率"像素纵横比和（ ）纵横比两个选项，分别用来设置不同的图像纵横比。

    A. 文件　　　　　　B.宽高　　　　　　C. 设备　　　　　　D. 大小

（4）在Maya 2018中，内置的渲染器有（ ）种。

    A. 1　　　　　　　　B. 2　　　　　　　　C. 3　　　　　　　　D.4

（5）在Maya 2018中，"软件渲染"是常用的渲染方式，可以用来渲染除了硬件（ ）外的所有效果。

    A. 粒子　　　　　　B. 质子　　　　　　C. 中子　　　　　　D.电子

2. 填空题

（1）"帧/动画扩展名"有两个作用，一是用来选择渲染单帧或是渲染_____；二是选择渲染输出文件_____。

（2）勾选"保持宽度/高度比率"复选框，系统将依据当前的宽高比进行锁定，改变宽度或者高度值，另一个数值会_____。

（3）图像大小的单位有6种，分别是像素、英寸、厘米、毫米、点和_____。系统默认为_____。

（4）光线跟踪质量的阴影属性数值为0时，阴影会_____。

（5）打开"渲染设置"面板后，用户可以在_____选项下拉列表中选择需要使用的渲染器选项。

3. 上机题

    本章介绍了渲染器的使用方法，在本练习中，用户可以打开随书光盘中提供的alarm文件，使用Maya软件渲染器对场景进行渲染，参数设置如下左图所示。最终效果如下右图所示。

第7章　动画技术

本章概述

本章主要介绍一些动画入门知识，帮助读者了解动画的一些基本原理。动画的应用面比较广泛，并且实现的途径也很多，通过对本章的学习，可以为今后制作更高级别难度的动画打下良好的基础。

核心知识点

① 了解动画的基本原理

② 掌握动画制作的基本命令

③ 掌握关键帧动画的创建方法

④ 掌握路径动画的创建方法

⑤ 掌握动画约束的应用

7.1　动画基础知识

在Maya 2018中，一个对象被创建完成后，它的所有节点属性，包括模型的位移、大小、旋转，以及场景中材质的颜色、透明度、灯光的强度等属性都可以用来制作动画。本节将为用户介绍动画的基本知识，包括动画的基本原理、动画的基本分类以及基本动画的创建方法等。

7.1.1　动画基本原理

动画是基于人的视觉原理创建的运动图像。人的眼睛会产生视觉暂留，对上一个画面的感知还未消失，下一张画面又出现，就会有动起来的感觉。在短时间内观看一系列相关联的画面时，就会视其为连续的动作，如下图所示。

这些图像可以称为一个动画序列，其中的每一个单幅画面称为1帧，在制作二维动画时，需要绘制很多的静态图像。而在Maya中创建动画时，只需要制作每个动画序列的起始帧、结束帧和关键帧即可，中间帧会由计算机完成。关键帧是指在一个动画序列中起到关键作用的帧，它往往控制着一个动作中的关键位置和转变。一个动画序列的第1帧和最后1帧是默认的关键帧，动画越复杂，关键帧就越多；动画越简单，关键帧就越少。连接关键帧的称为中间帧。

7.1.2　动画基本分类

在Maya 2018中有很多种创建动画的方式，按照制作方式的不同可以分为关键帧动画、路径和约束动画、驱动关键帧动画、表达式动画和运动捕捉动画，下面对这几种动画进行简单介绍。

1. 关键帧动画

关键帧动画是应用比较广泛的一种动画创建方法，在角色动画的制作中更为常用。

2. 路径和约束动画

路径和约束动画主要用来制作一些受目标约束或沿特定路径运动的动画。例如，按照一定轨迹飞行的飞机、飞船、火箭等。

3. 驱动关键帧动画

驱动关键帧动画形式较为特殊，是通过物体属性之间的关联性，使一个物体的属性驱动另一个物体的属性。例如，使用一个圆锥体的位移来控制一个立方体的旋转。

4. 表达式动画

表达式动画在制作粒子特效方面应用得比较频繁，但要使用这种动画方式，需要掌握较为专业的Mel编程语言。

7.1.3　动画基本界面与命令

在开始学习制作动画前，用户必须对动画的界面和基本操作有充分的认识，动画的基本操作包括时间轨及时间滑块的操作、关键帧的创建和使用等，下图为Maya 2018的动画控制界面。

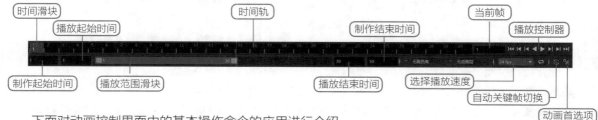

下面对动画控制界面中的基本操作命令的应用进行介绍。

- **时间轨**：时间轨上的数字序号代表了每一帧的序列帧号，默认第1帧为起始帧。
- **当前帧**：用于显示时间滑块停留的序列帧号。
- **播放控制器**：用于控制动画的播放，播放控制器集成了各种帧播放的操作工具。
- **动画制作起始时间**：用于选择动画从第几帧开始制作。
- **动画播放起始时间**：用于选择在时间轨上第几帧开始显示动画。
- **动画播放结束时间**：用于选择在时间轨上第几帧结束显示动画。
- **动画制作结束时间**：用于选择动画从第几帧制作完成。
- **播放范围滑块**：用于控制动画播放的时间范围，滑块的两端分别对应动画播放的起始时间和结束时间。
- **选择播放速度**：用于控制动画的播放速度。

7.1.4　预设动画参数

Maya是一个应用非常广泛的动画制作软件，范围涵盖多个平台，不同的平台对动画播放速率有不同的要求，用户可以根据需要对动画的制作和播放参数进行设置。

用户可以单击动画控制界面中的"动画首选项"按钮，打开"首选项"对话框，如右图所示。

在"首选项"对话框中，用户可以根据需要选择不同的播放速率。如果要制作标准的影视动画，可以在"时间滑块"选项面板中单击"播放速度"下三角按钮，选择"24fps×1"选项，将播放速率设置为

24帧/秒，如下左图所示。

　　动画制作完成后，需要在特定平台上播放，制作速率要根据播放平台的要求来进行设置。用户可在"首选项"对话框的"设置"面板中单击"时间"下三角按钮，在下拉列表中选择所需的制作速率选项，如下右图所示。

7.2　关键帧动画

　　关键帧动画是最常用的动画创建方法，若要使场景中的静态物体运动起来，就需要根据用户需要为物体设置不同的形态，并为这些形态设置关键帧。

7.2.1　关键帧

　　本小节将对创建与编辑关键帧动画的方法进行介绍，具体如下。

1. 创建初始关键帧

　　新建场景文件，创建一个立方体模型，拖动时间滑块到第0帧处，然后按S键为其所有属性设置关键帧，在通道栏中可以看到所有的属性都变为了红色，表示已经设置了关键帧，如下左图所示。

2. 创建移动关键帧

　　移动时间模块到第12帧，然后在Y轴上移动立方体9个单位，再次按S键设置关键帧，如下右图所示。

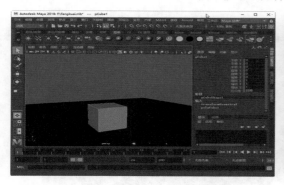

3. 创建缩放关键帧

　　移动时间模块到第24帧，然后在X轴上移动立方体20个单位，并且使用缩放工具在X、Y、Z轴上缩放立方体，再次按S键设置关键帧，如下左图所示。

4. 创建旋转关键帧

移动时间模块到32帧，然后在Z轴上旋转立方体90°，按S键设置关键帧，如下右图所示。

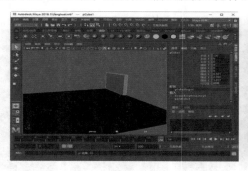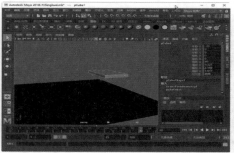

5. 移动关键帧位置

在时间轨上，按住Shift键再配合鼠标左键将第32帧选中，选中后会有红色的区域，然后按住鼠标左键并拖动第40帧，如下左图所示。

6. 复制关键帧

选中要复制的第40帧，然后单击鼠标右键，在弹出的快捷菜单中执行"复制"命令，如下右图所示。

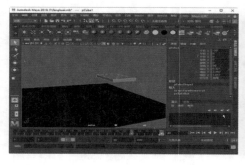

7. 粘贴关键帧

选中要粘贴到的帧位置，然后单击鼠标右键，在弹出的快捷菜单中执行"粘贴>粘贴"命令，如下左图所示。

8. 删除关键帧

选中要删除的关键帧，然后单击鼠标右键，在弹出的快捷菜单中执行"删除"命令，如下右图所示。需要注意的是，如果选中关键帧并按下Delete键，会将立方体一块删除。

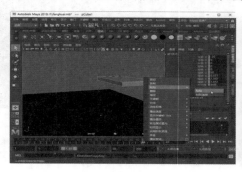

9. 自动关键帧切换

除了按S键设置关键帧外，Maya软件还提供了另一种设置关键帧的方法，即"自动关键帧切换"工具，它可以用来启用或关闭自动设置关键帧，单击"自动关键帧切换"工具，变为红色表示开启自动设置关键帧，这时拖动时间滑块到第48帧，在X轴上移动立方体，可以看到时间轨上已经创建了一个关键帧，如下图所示。

7.2.2 动画编辑器

使用动画编辑器可以便捷地编辑所创建的动画效果，本小节将为用户介绍使用曲线图编辑器修改动画曲线的操作方法。曲线图编辑器只是辅助工具，重点在于理解物体的运动轨迹与时间轴之间的关系。

打开随书光盘中的shangji文件夹，打开ball.mb文件。选中小球，执行"窗口>动画编辑器>曲线编辑器"命令，打开"曲线图编辑器"面板，如下左图所示。

用户可以根据需要选择编辑物体所有属性的曲线或是单一属性的曲线，在对象列表中选择物体，则在编辑区内显示该物体的所有动画曲线，如果选择物体的单一属性，则在编辑区中只显示该属性的动画曲线，如下右图所示。

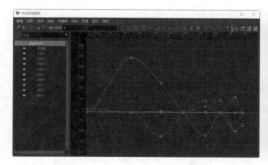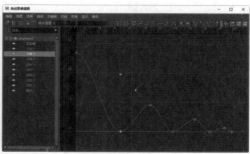

下面对"曲线图编辑器"工具栏上的工具进行介绍，为了便于观看，在"曲线图编辑器"选中小球"平移Y"属性，如上右图所示。

1. 样条线切线

该工具可以使相邻的两个关键点之间产生平滑的曲线，关键帧的操作手柄在同一水平线上，旋转一边的手柄会带动另一边的手柄旋转，如下左图所示。选中第21帧一侧的手柄后，使用鼠标中键移动，另一侧的手柄也会跟着旋转。

2. 线性切线

该工具可以使两个关键帧之间的曲线变为直线，并影响到后面的曲线连接，在动画曲线上选择第11到14帧，然后单击"线性切线"工具按钮，如下右图所示。

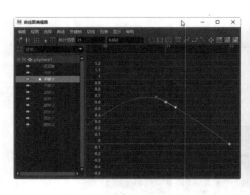 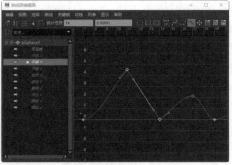

3. 平坦切线

该工具可以将选择的关键帧的控制手柄全选变为水平角角度。选中第17帧,如下左图所示。然后单击"平坦切线"按钮,效果如下右图所示。

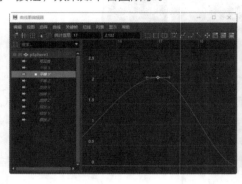 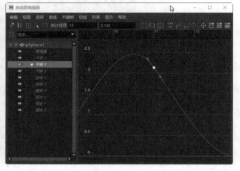

4. 断开切线

该工具可以将两个关键帧的两个控制手柄间的联系断开,打断后就可以单独操作想控制的手柄,从而调整出更好的动画曲线,如下左图所示。

5. 统一切线

统一切线工具可以将两个断开的控制手柄重新连接再一起,调节一个控制手柄,另一个手柄也会跟着移动。

6. 缓冲区曲线快照

该工具可以将动画曲线捕捉到控制器上;可以将调整后的曲线与原来没调整的曲线进行对比,便于对曲线的修改。选中要缓冲的曲线,单击"缓冲区曲线快照"按钮,然后在编辑器的菜单栏中执行"视图>显示缓冲区曲线"命令,就可以看到修改前的动画曲线,如下右图所示。

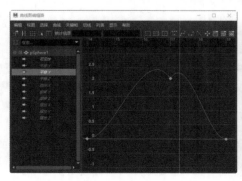 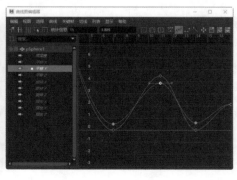

7. 交换缓冲区曲线

该工具可以将已经调整过的曲线和缓冲曲线进行交换，交换后调整过的曲线就不能再编辑，而缓冲曲线可以被编辑和调整，如下图所示。

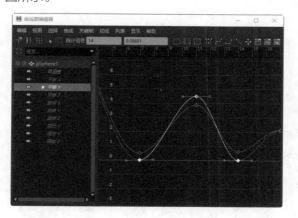

7.3 路径动画

动画的创建方式有很多种，路径动画是其中的一种，Key关键帧的方式并不适用于所有的情况，有些特定的情况下就需要用到路径动画，本节将对创建方法进行介绍。

7.3.1 创建路径动画

在Maya软件中创建一条NURBS曲线和一个立方体，如下左图所示。先选择立方体再配合Shift键加选NURBS曲线，然后在动画模块的菜单栏中执行"约束>运动路径>连接到运动路径"命令，立方体就可以沿着曲线运动了，如下右图所示。

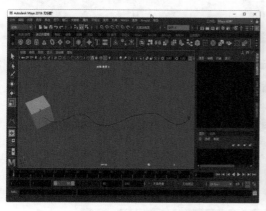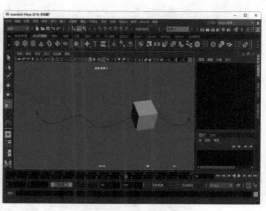

执行"约束>运动路径>连接到运动路径"命令，将打开"连接到运动路径选项"对话框，如下图所示。下面对该对话框中的参数进行介绍。

- **时间范围**：该选项有3个单选按钮，当选中"时间滑块"单选按钮时，时间轨上的开始和结束时间用来控制路径动画的开始和结束时间；选中"起点滑块"单选按钮时，下面的"开始时间"参数被激活，用户可以根据需要设置路径动画的开始时间；选中"开始/结束"单选按钮时，下面的"开始时间"和"结束时间"两个参数同时被激活，可以设置路径动画的开始和结束时间。

- **参数化长度**：在Maya 2018中，有两种沿曲线定位物体的方式，即参数间距方式和参数长度方式。
- **跟随**：勾选此复选框，Maya将计算物体沿曲线运动的方向。
- **前方向轴**：选择X、Y、Z三个坐标轴中的一个和"前方向轴"对齐。
- **上方向轴**：选择X、Y、Z三个坐标轴中的一个和顶向量对齐。

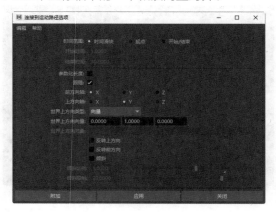

7.3.2　创建快照动画

快照动画是路径动画的其中一种形式，它可以沿着设置好的路径复制物体，适用于某种特定的情况，使用得当可以极大地提高工作效率。

下面将通过具体实例来学习如何创建快照动画。在Maya 2018中创建一条曲线和一个圆柱体，如下左图所示。然后使用7.3.1节介绍的方法创建路径动画，如下右图所示。

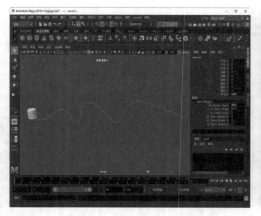 

选中圆柱体，然后在动画模块菜单栏中单击"可视化>创建动画快照"后的选项框按钮，如下左图所示。打开"动画快照选项"对话框，如下右图所示。

下面对"动画快照选项"对话框中的属性含义进行介绍。

- **时间范围：**该选项有两个单选按钮，分别代表了不同的意义，选择"开始/结束"单选按钮，可以自定义生成快照的开始和结束时间；选择"时间滑块"单选按钮，表示使用时间轨上的时间范围。

- **增量：**该选项用于设置生成快照的取样值，单位为帧。例如，设置该数值为3，表示每隔两帧生成一个快照物体。

- **更新：**该选项用于控制快照的更新方式，按需表示仅在执行"可视化>更新快照"命令后，路径快照才会更新，快速（仅在关键帧更改时更新）表示该动物体关键帧动画后就会自动更新快照动画，慢（始终更新）表示任何更改物体的操作都会进行快照更新。

要想控制快照物体的疏密，设置"增量"数值的大小就可以控制疏密。下左图为"增量"设置为2的效果，下右图为"增量"设置为5的效果。

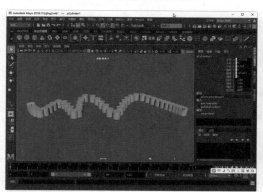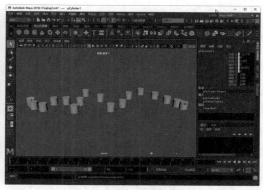

7.3.3　创建流体路径变形动画

沿路径变形动画在某些特定的情况下会使用，它的原理是在路径动画的基础上添加晶格变形。例如创建一条蛇的爬行动画，它在沿着路径运动的过程中还必须有弯曲的效果。

在Maya 2018中创建一条曲线和一个圆柱体，圆柱体上的分段一定不能少，因为它要做弯曲运动，分段太少的话会没有效果，在这里将圆柱"高度细分数"设置为40。

将时间范围设置好，选中圆柱体然后再按住Shift键加选曲线，在动画模块菜单栏中执行"约束>运动路径>连接到运动路径"命令，如下图所示。从图中可以看到虽然已经可以沿着路径运动，但是没有弯曲度的变化。

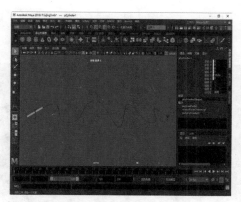

选中圆柱体，执行"约束>运动路径"命令,从子菜单栏中单击"流体路径对象"后的选项框按钮，如下左图所示。打开"流体路径对象选项"对话框，如下右图所示。

下面对"流动路径对象选项"对话框中参数的含义进行介绍。

1. 分段

该选项主要用于设置晶格在3个方向上的分割度,"前"数值框用于控制沿曲线方向的晶格分割度;"上"数值框用于控制沿物体向上的晶格分割度;"侧"数值框用于控制沿物体侧边的晶格分割度。

2. 晶格围绕

该选项用于控制晶格的生成方式,用户可以根据需要进行选择。

"对象"是沿着物体周围创建晶格,物体被晶格包裹住,跟随物体一起运动,控制物体的弯曲,如下左图所示。

"曲线"是包裹着曲线的晶格,即从晶格的开始端到末端,晶格沿着路径分布,如下右图所示。

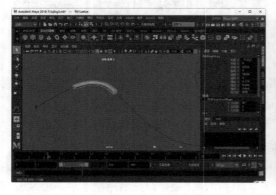
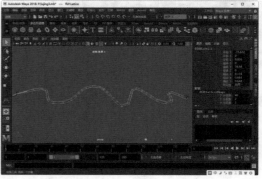

3. 局部影响

该选项可以用来纠正路径变形中的一些错误,特别是在曲线拐弯处,对于沿曲线创建晶格的方式尤为重要,下图是没有勾选"禁用影响"复选框的效果。

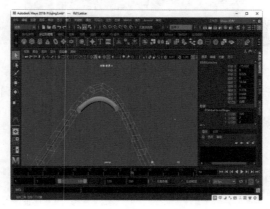

7.4 动画约束

在某种程度上，用户可以将路径动画理解为约束动画，即物体的空间坐标和旋转等参数被曲线所约束。本节将介绍Maya中的各种约束的应用，这些约束在做角色动画时会经常用到。

7.4.1 父对象约束

父子约束是使一个物体对另一个物体进行平移和旋转约束。首先创建一个新场景，如下左图所示。先选择摄像头物体（立方体），再按住Shift键加选目标物体（圆柱体），然后执行"约束>父对象"命令，如下右图所示。

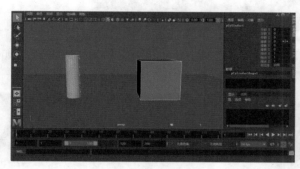

现在目标物体的平移和旋转就已经被摄像头物体所约束了，可以看到目标物体的平移和旋转属性已经变为了蓝色，如下左图所示。用户还可以根据需要选择目标物体被约束的属性，如下右图所示。

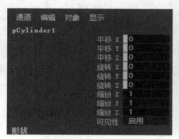

7.4.2 点约束

点约束可以理解为位移约束，即用一个物体的空间坐标去约束另一个物体的空间坐标。创建了一个圆柱体和一个球体后，先选择圆柱体再按住Shift键加选球体，然后切换到动画模块，执行"约束>点"命令，如下左图所示。这时可以看到目标物体的移动属性已经变为了蓝色，表示这些属性已经被摄像头物体约束，如下右图所示。

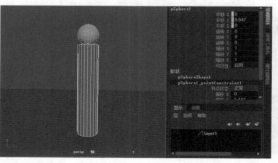

单击"约束>点"命令后的选项框按钮,即可打开"点约束选项"对话框,如下图所示。下面对该对话框中的相关参数的应用进行介绍。

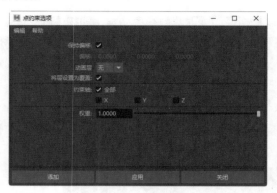

- **保持偏移:** 勾选该复选框,在约束时控制物体和被控制物体就会保持原始位置差,如下左图所示。如果不勾选该复选框,那么被控制物体的原点就会吸附到控制物体上,如下右图所示。

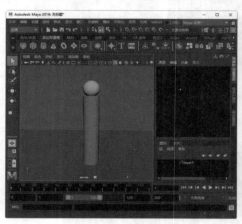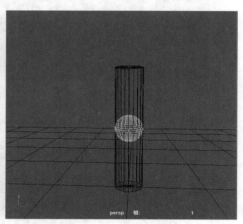

- **约束轴:** 该选项用于控制对物体哪个轴向进行约束。勾选"全部"复选框,则对所有的轴向进行约束,如果只启用某一个轴向,则只约束选中的轴向上的位移,其他两个轴向可以自由移动。
- **权重:** 该参数控制着约束的权重值,即受约束的程度。

7.4.3 方向约束

方向约束可以理解为旋转约束,即用一个物体的旋转属性去约束另一个物体的旋转属性。创建了一个立方体和一个圆环后,让圆环约束立方体,如下左图所示。单击"约束>方向"命令后的选项框按钮,打开"方向约束选项"对话框,如下右图所示。

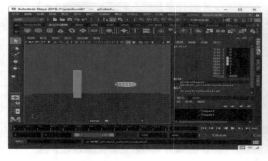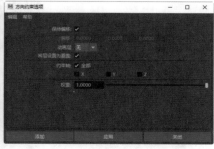

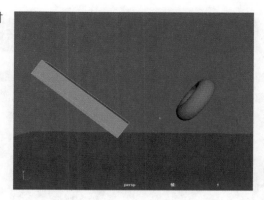

选中圆环然后进行旋转，可以看到立方体同时跟着旋转，旋转约束效果如右图所示。

7.4.4 目标约束

目标约束是用一个物体的位移属性来约束另一个物体的旋转属性，制作眼睛动画时会用到，用户可以把眼球约束到一个物体上，物体移动到哪里，眼球就注视哪里。

创建一个场景，选中立方体再配合Shift键加选球体，如下左图所示。然后执行"约束>目标约束"命令，打开"目标约束选项"对话框，如下右图所示。

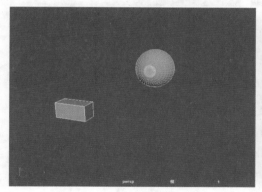

下面对"目标约束选项"对话框中参数的应用进行介绍。与点约束设置中相同的参数这里不再赘述，只介绍目标约束特有的参数。

- **目标向量：**该参数用于设置目标向量在约束局部空间中的方向。
- **上方向向量：**该参数可以控制围绕目标向量的受约束对象的方向。
- **世界上方向类型：**设置世界向量在空间坐标中的类型，默认的选项为"向量"。

选中立方体并在X轴上进行移动，被约束的球体会沿着立方体移动的方向进行旋转，效果如下图所示。

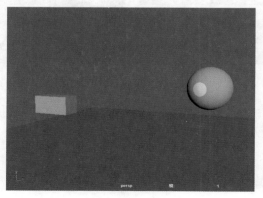

知识延伸：“摄影表”编辑器

"摄影表"编辑器在制作动画的过程中经常会用到，它可以直观准确地反映关键帧和时间轴之间的关系，经常用来缩放整体动画的节奏或调节关键帧时序等。

用户可以执行"窗口>动画编辑器>摄影表"命令，如下左图所示。打开"摄影表"编辑器，如下右图所示。

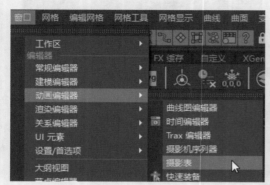 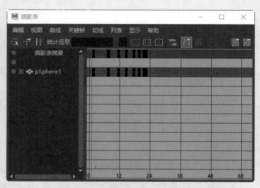

下面对"摄影表"编辑器工具栏中常用工具的含义进行介绍。

1. 选择关键帧工具

单击"选择关键帧工具"按钮，在编辑区中就可以对关键帧进行选择，用户可以单击进行选择也可以框选，被选中的关键帧为黄色，如下左图所示。

2. 移动最近拾取的关键帧工具

单击"移动最近拾取的关键帧工具"按钮，在编辑区中选择要移动的关键帧，使其以黄色高亮显示，然后按住鼠标中键不放，鼠标指针就会变成一个双向箭头，水平移动鼠标即可移动关键帧，如下右图所示。

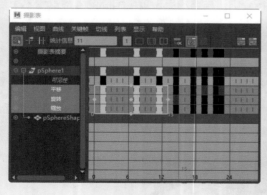 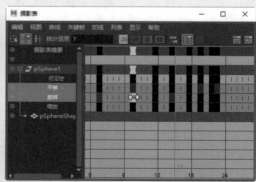

3. 插入关键帧工具

单击"插入关键帧工具"按钮，首先在对象列表中选择要插入关键帧的属性，然后在该属性的两个关键帧之间按鼠标中键，即可插入关键帧。

4. 统计信息

第一个文本框显示当前帧所在的位置，第二个文本框显示的是当前帧物体的属性。

5. 框显所有显示的关键帧

单击"框显所有显示的关键帧"工具，可以快速显示所有关键帧序列

上机实训：制作路径动画

通过对本章内容的学习，相信大家对路径动画和关键帧动画有了一定的了解，下面将通过实例来巩固路径动画应用的相关知识点。

步骤 01 打开shangjishixun文件夹，打开huati.mb素材文件，模型如下左图所示。

步骤 02 打开Hypershade窗口，为小球和滑梯赋予合适的材质，如下右图所示。

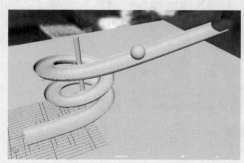
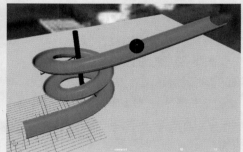

步骤 03 沿着滑梯模型创建一条NURBS曲线，如下左图所示。

步骤 04 曲线创建完成后，先选中小球再按住Shift键加选曲线，然后打开"连接到运动路径选项"对话框，设置合适的动画的开始/结束时间，单击"应用"按钮，如下右图所示。

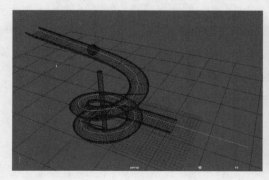
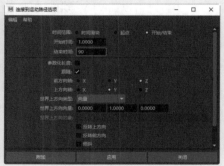

步骤 05 执行"约束>运动路径>连接到运动路径"命令，将产生一个路径动画，如下左图所示。

步骤 06 完成动画，切换到摄影机视图中，开始渲染，效果如下右图所示。

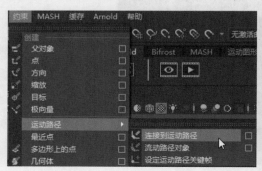
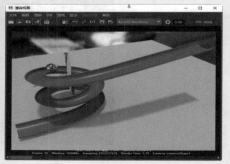

课后练习

1. 选择题

（1）打开场景文件，选中立方体模型，拖动时间滑块到第0帧处，然后按（　　）键为其所有属性设置关键帧，在通道栏中可以看到所有的属性都变为了红色，表示已经设置了关键帧。

　　A. S　　　　　　　　B. L　　　　　　　　C. D　　　　　　　　D. E

（2）除了按S键设置关键帧外，Maya软件还提供了另一种设置关键帧的方法，即（　　）工具，使用该工具可以启用或关闭自动设置关键帧。

　　A. 关键帧开关　　B.启用/关闭自动关键帧　　C.自动关键帧切换　　D. 快速设置关键帧

（3）曲线编辑器中的"线性切线"工具可以使两个关键帧之间的曲线变为（　　），并影响到后面的曲线连接。

　　A. 弯线　　　　　　B. 直线　　　　　　　C. 折线　　　　　　D.断线

（4）用户要选择不同的播放速率，则单击（　　）按钮可以打开相应的对话框进行设置，如果要制作标准的影视动画，需要将播放速率设置为24帧/秒。

　　A. 动画首选项　　　B.动画帧速率　　　　C.动画选项　　　　D.动画播放

（5）用户可以设置（　　）数值的大小来控制快照物体的疏密。

　　A.变量　　　　　　B. 减量　　　　　　　C. 增量　　　　　　D 加量

2. 填空题

（1）Maya 2018中有很多种创建动画的方式，按照制作方式的不同可以分为关键帧动画、路径和约束动画、驱动关键帧动画、＿＿＿＿＿＿＿＿和＿＿＿＿＿＿＿＿。

（2）要路径动画，则可以在Maya软件中创建一条NURBS曲线和一个立方体，先选择立方体再配合Shift键加选NURBS曲线，然后在动画模块菜单栏中执行＿＿＿＿＿＿＿＿命令，立方体就可以沿着曲线运动了。

（3）沿路径变形动画在某些特定的情况下会使用，它的原理是在路径动画的基础上添加＿＿＿＿＿＿＿＿。

（4）点约束可以理解为＿＿＿＿＿＿＿＿，即用一个物体的空间坐标去约束另一个物体的空间坐标。

（5）勾选"保持偏移"复选框，在约束时控制物体和被控制物体就会保持原始＿＿＿＿＿＿＿＿。

3.上机题

　　在shangji文件夹中打开文件ball.mb素材文件，制作一个小球从高处向下掉落在桌面上弹跳的一个关键帧动画，渲染效果如下图所示。

第8章 骨骼绑定与变形技术

本章概述

Maya动画是一个趣味性较强、学起来比较直观的一个模块，骨骼绑定和变形技术是Maya动画模块中比较重要的两个知识点，内容相对较多，但是并不复杂，掌握好这两个知识点将为之后制作更高级别角色动画打下良好的基础。

核心知识点

❶ 掌握骨骼的基本操作方法
❷ 掌握骨骼动力学控制方式
❸ 掌握变形的基础知识
❹ 掌握混合变形的使用方法
❺ 掌握晶格变形和簇变形的使用方法

8.1 骨骼的基本操作

在三维动画制作中，角色骨骼的制作和绑定是动画模块中非常重要的部分，骨骼绑定的每一个步骤都将直接影响到动画的最终效果，学好骨骼绑定对制作动画来说至关重要。

8.1.1 创建骨骼

在深入学习骨骼绑定和动画技术前，用户首先需要掌握骨骼创建的基本操作，下面对骨骼创建的操作方法进行介绍。

步骤01 用户可以切换到"装备"模块，在菜单栏中执行"骨架>创建关节"命令，如下左图所示。

步骤02 按住X键（捕捉到网格工具）并在视图中单击，即可创建一个骨骼点，如下右图所示。

步骤03 在视图中任意处单击，即可创建第2个骨骼点，两个骨骼点之间会生成一条骨关节，如下左图所示。

步骤04 继续在视图中单击，可以创建多个骨骼点，多个骨骼点会形成一条骨骼链，如下右图所示。

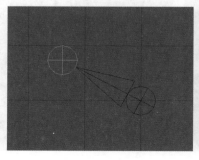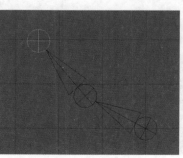

步骤 05 按Enter键，确定骨骼链的创建，整条骨骼链呈绿色高亮显示，如下左图所示。

步骤 06 开始创建的骨节为骨链根部关节，默认名为joint1，后面的骨节名为joint2、joint3。打开"大纲视图"窗口，可以看到生成了一个joint1组，在该群组层级下包括子层级骨骼层joint2、joint3，如下右图所示。

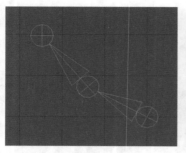 

步骤 07 用户不仅可以对任意骨骼进行选择，还可以使用移动、旋转、缩放工具对其进行操作，如下图所示。

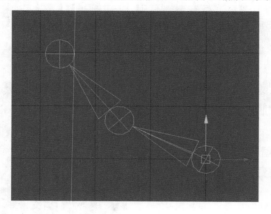

8.1.2 插入关节

骨骼链创建完成后，根据实际制作需要有时还需要添加关节来改变骨骼链的形状或长度，下面介绍插入关节的操作方法。

步骤 01 用户可以执行"骨架>插入关节"命令，在创建完成的骨骼链的任意骨骼点上单击，即可添加一个新的骨骼点，如下左图所示。

步骤 02 插入关节后，使用移动工具可以调整新的骨骼点的位置，从而改变骨骼链的长度和形状，如下右图所示。

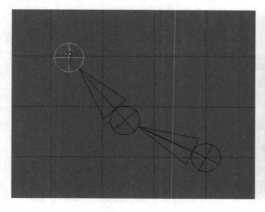 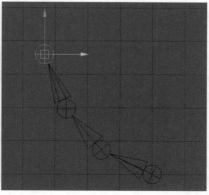

8.1.3 镜像关节

在创建人体骨骼时，需要保证身体两侧的骨骼完全对称，如果手动创建每一段骨骼，会非常麻烦，且不能保证两侧骨骼完全对称，此时用户可以使用"镜像关节"命令复制出对称的骨骼。下面具体介绍"镜像关节"命令的使用方法。

步骤 01 在场景中选择要镜像复制的骨链，并且观察骨链所在的坐标方向，如下左图所示。

步骤 02 单击"骨架>镜像关节"后面的选项框按钮，打开"镜像关节选项"对话框，在"镜像平面"选项区域中选择YZ单选按钮，如下右图所示。

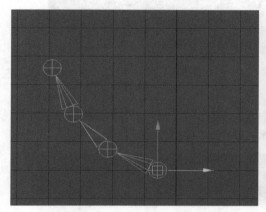 

步骤 03 单击"应用"按钮，即可对所选骨骼链进行镜像复制。镜像复制后的骨骼与之前的骨骼没有任何的连接效果，如下左图所示。

步骤 04 用户也可以选择要镜像的子层级骨骼，"镜像关节"命令同样可以对其进行镜像复制，但是被复制的骨骼被自动添加到原始根部骨骼层级下，如下右图所示。

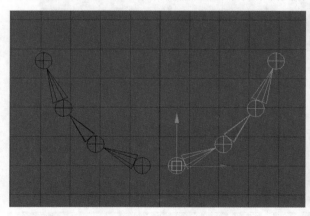 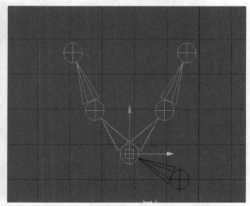

8.1.4 确定关节方向

在骨骼系统中，每个骨节的旋转坐标都依赖于局部坐标的设定，因此设置好正确的骨骼局部坐标对于骨骼的操作至关重要。Maya 2018提供了可以用于调整骨骼局部坐标的功能，即"确定关节方向"命令，下面对该命令的应用进行具体介绍。

步骤 01 创建一条骨骼链，选中创建的骨骼链，然后单击状态栏上的"按组件类型选择"按钮，如下左图所示。

步骤 02 然后单击该图标右侧的"选择杂相组件"按钮，即可显示骨骼链的局部坐标，如下右图所示。

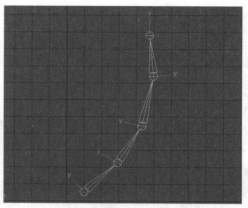

步骤 03 单击"骨架>确定关节方向"命令后的选项框按钮，打开"确定关节方向选项"对话框，如下左图所示。

步骤 04 勾选"确定关节方向为世界方向"复选框，然后单击"方向"按钮，使用关节工具创建的所有关节都将设为与世界方向对齐，使所有骨骼的某一轴向的朝向统一，如下右图所示。

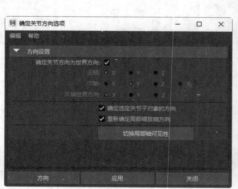

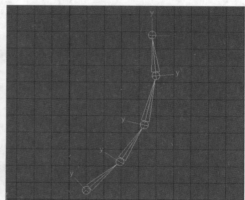

8.1.5 移除关节

骨骼链创建完毕后，有时会根据实际情况适当地删除多余的骨骼，但是这样会一起删掉需要的子层级骨骼，此时用户可以通过"移除关节"命令移除特定的某一段骨骼。

步骤 01 在大纲视图中选择要删除的骨骼层级joint3，如下左图所示。

步骤 02 在菜单栏中执行"骨架>移除关节"命令，即可把骨骼joint3从骨链中删除，骨骼joint2和joint4会自动连接在一起，如下右图所示。

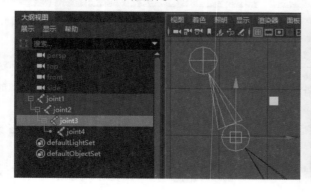

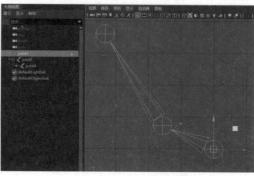

8.1.6　断开关节

在创建角色骨骼时，有时需要将分支骨骼链断开，再连接到其他的骨节上，从而简化骨骼的创建工作。此时用户可以使用"断开关节"命令将需要断开的骨骼断开，下面介绍具体操作方法。

步骤 01 在大纲视图中选择要断开的子层级骨骼joint3，执行"骨架>断开关节"命令，即可把joint3骨链从所选骨节处断开，如下左图所示。

步骤 02 移动骨骼joint3的位置，可以看到在骨链的断开位置生成了一个新的骨骼点joint6，并且该骨骼点会被自动设为骨骼joint2的子关节，下右图所选骨骼点就是新生成的骨骼点joint6。

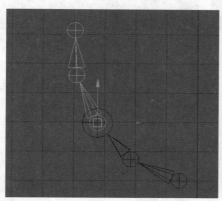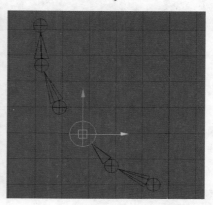

8.1.7　连接关节

在创建和编辑角色骨骼时，若需要将两个独立的骨骼链连接在一起，用户可以使用Maya 2018提供的"连接关节"命令将独立的骨骼连接在一起，从而简化骨骼创建的复杂程度。骨骼连接的方式分为两种，一种是"连接关节"模式，另一种是"将关节设为父子关系"模式，下面对这两种骨骼连接方式进行介绍。

步骤 01 使用上一小节断开的骨骼链，先选中joint3，然后配合Shift键加选joint6，如下左图所示。

步骤 02 单击"骨架>连接关节"命令后的选项框按钮，打开"连接关节选项"对话框，然后选择"连接关节"模式，再单击"应用"按钮，如下右图所示。

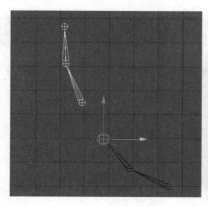

步骤 03 移动joint3骨骼，joint3骨节被自动设置为joint2骨节的子关节，并不是骨节joint6的子关节，如下左图所示。

步骤 04 返回骨骼断开前的状态，先选中joint3，然后配合Shift键加选joint6，在"连接关节选项"对话框中选择"将关节设为父子关系"模式，单击"应用"按钮，即可使joint3成为joint6的子关节，如下右图所示。

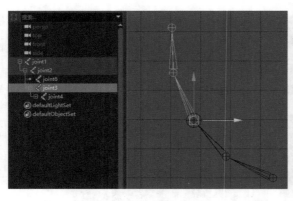
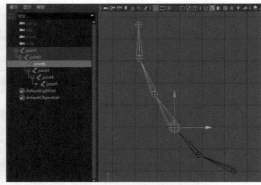

8.1.8　重定骨架根

在Maya 2018中，用户可以根据需要选择骨骼链上的任意一个骨关节，然后使用"重定骨架根"命令将其指定为骨骼链的根部骨骼，下面对这种操作方法进行介绍。

步骤 01 在大纲视图中选择joint3子骨骼，如下左图所示。

步骤 02 执行"骨架>重定骨架根"命令，即可将当前选择的joint3子骨骼设置为骨链的根部骨骼，如下右图所示。

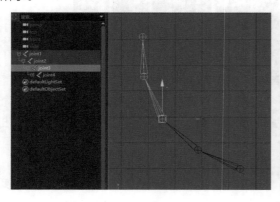
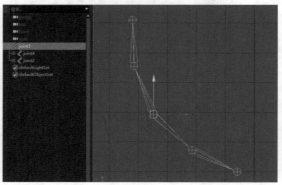

8.2　骨骼的动力学控制

骨骼创建完成后，接着需要对骨骼进行各种操作，以摆出用户需要的姿势并设置关键帧，从而完成连贯的动作。

8.2.1　骨骼的动力学控制基础

骨骼的控制方式包括前向动力学（FK）、反向动力学（IK）以及样条曲线控制（Spline），下面对骨骼的控制方式进行介绍。

FK是Forward Kinematics的缩写，称之为前向动力学，实际就是旋转骨骼。角色的每个动作都需要先旋转父关节，再旋转下一个子关节，顺着关节链依次进行旋转。如果需要一条直线型的骨骼链产生弯曲效果，就需要旋转关节链中的每一节骨关节，以达到所需的弯曲效果。

IK是Inverse Kinematics的缩写，称之为反向动力学，它是依靠控制器直接将骨骼末端的骨骼移动到目标点。在反向动力学中，根据控制器类型的不同，可以分为样条曲线控制骨骼和单线控制骨骼。前向动力学和反向动力学是三维动画中骨骼关节运动的两种不同表达方式，两者配合使用才可以制作出合理的动画。

8.2.2 IK控制柄工具

在反向动力学中操作骨骼非常简单，只需要使用一个骨骼控制器，就可以控制骨骼摆出各种需要的姿势，下面对该控制器的创建以及使用方法进行介绍。

步骤01 单击"骨架>创建IK控制柄"命令后的选项框按钮，打开"工具设置"面板，单击"当前解算器"右侧的下拉按钮，选择"旋转平面解算器"选项，如下左图所示

步骤02 然后在骨骼链的父关节点处单击，如下右图所示。

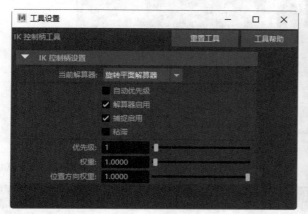
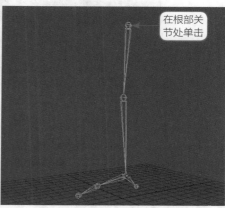

步骤03 接着在需要创建IK的关节上单击，即可为骨骼创建IK控制手柄，用户可以通过移动手柄来摆出各种姿势，如下左图所示。

步骤04 选择IK控制手柄后，使用移动工具可以对其进行移动操作，效果如下右图所示。

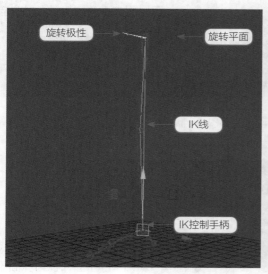
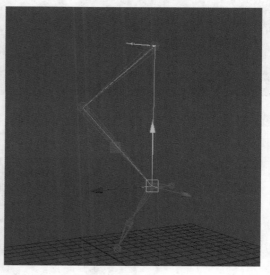

步骤05 用户可以选择IK控制手柄，按T键显示其控制手柄，使用移动工具沿平面拖动就可以旋转骨骼链。沿着骨骼链末端的圆环拖动鼠标，也可以旋转骨骼链，如下左图所示。

步骤06 在创建IK时，"当前解算器"属性有两种解算器可以选择，选择"单链解算器"选项时，创建出来的IK没有旋转平面，如下右图所示。

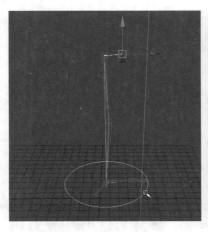
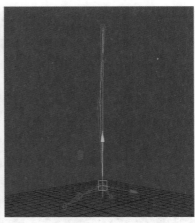

8.2.3 IK效应器

IK效应器的工作原理是用来计算反向动力学所能影响骨骼关节的范围，即从创建IK控制器的骨骼链端点算起，一直到效应器所在的父骨关节，都在反向动力学的影响范围内。如果为骨骼链添加IK控制后，不想某一段骨关节发生弯曲，就可以通过改变IK效应器的位置来调节IK控制器的影响范围。

步骤01 用户可以在大纲视图中选择effector2效应器，如下左图所示。

步骤02 按Insert键显示其中心点，然后按V键将效应器的中心点吸附到其他骨骼点上，如下右图所示。

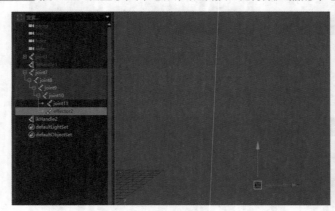

步骤03 按Insert键确定效应器的中心点，再移动IK手柄，可以看到效应器位置的骨节没有任何的弯曲效果，如下图所示。

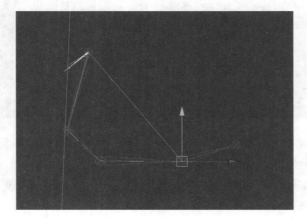

8.2.4 样条线控制柄工具

IK控制柄工具并不适用于所有的情况，多用在动作功能只有两段的骨骼上，如人的手骨或腿骨。如果制作类似于动物尾巴骨骼时，就需要用到"IK样条线控制柄"工具，下面对该工具的应用进行介绍。

步骤01 新建一个场景，然后创建一条骨骼链，在菜单栏中执行"骨架>创建IK样条线控制柄"命令，在骨骼链的首端和末端分别单击，添加IK样条线工具，如下左图所示。

步骤02 移动曲线上的点，骨骼链也会跟着移动，但不能对控制手柄进行操作，如下右图所示。

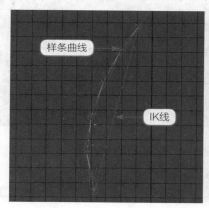
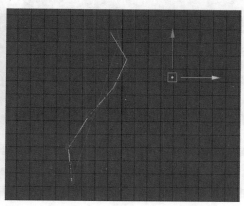

步骤03 选中曲线上的控制顶点，然后在菜单栏中执行"变形>簇"命令，为控制点添加簇约束控制，如下左图所示。

步骤04 簇控制器在场景中很难被选中，用户可以创建一个NURBS圆形曲线，让其成为簇控制器的父对象，先选中圆形曲线，然后按住Shift键同时加选簇控制器，执行"约束>父对象"命令，即可通过移动圆形曲线来调整骨骼外形，如下右图所示。

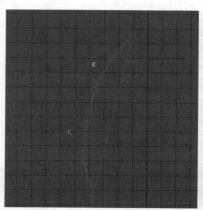
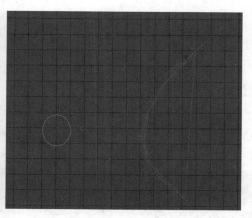

单击"骨架>创建IK样条线控制柄"命令后的选项框按钮，打开"工具设置"面板，如右图所示。下面对"工具设置"面板中属性的应用进行介绍。

● **根在曲线上**：用于将IK样条骨骼的父关节控制到曲线上。勾选此复选框时，改变IK控制的"偏移"数值，骨骼会沿着曲线移动，如下左图所示。反之，骨骼不会沿着曲线移动，如下右图所示。

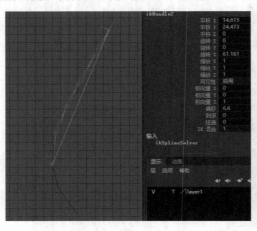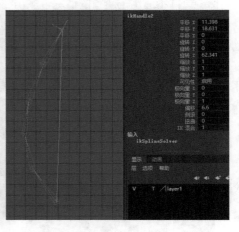

● **自动创建根轴**：创建IK样条线控制工具时勾选此复选框，会在样条骨骼链的父关节上创建一个父移动节点，调节此节点可以避免旋转或移动父关节时造成的偏转现象。

● **自动将曲线结成父子关系**：创建IK样条线控制工具，骨骼链会自动成为曲线的父对象，移动骨骼时曲线也会跟着移动。

● **将曲线捕捉到根**：用于将曲线的开始端黏附在骨骼链的父关节上，并且骨骼链会自动进行旋转，直到适合曲线外形。

● **自动创建曲线**：勾选此复选框时，系统会根据当前的骨骼链形状创建一条适合此形状的曲线。

● **自动简化曲线**：用于控制自动平滑曲线，通常结合"自动创建曲线"复选框使用。

● **扭曲类型**：用于设置骨骼扭曲的方式，下拉列表中有四种不同的类型。

8.2.5　骨骼预设角度

骨骼链创建完成后，未被操作之前的初始状态都被视为骨骼链的预设角度，并且所有骨关节的预设角度都可以被调整和修改。

步骤 01 移动IK的控制器，改变骨骼链当前的状态，如下左图所示。

步骤 02 选择IK的控制器，执行"骨架>采用首选角度"命令，骨骼链就会回到预设角度状态，如下右图所示。

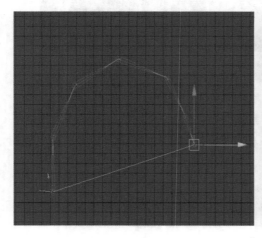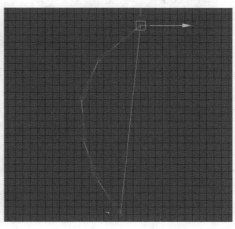

单击"骨架>采用首选角度"命令后的选项框按钮，打开"采用首选角度选项"对话框，如右图所示。下面对该对话框中相关参数的含义进行介绍。

- **选定关节：** 用于将当前选择的骨关节恢复到预设角度状态。
- **层次：** 用于将选择的骨骼及其以下的所有层级的骨骼恢复到预设角度状态。

8.2.6　设置骨骼预设角度

用户可以使用"设置首选角度"命令更改骨骼链的预设状态，从而便于对骨骼的编辑，下面对该工具的使用进行详细介绍。

步骤 01 选择骨骼链的IK控制器并移动到想要的目标点，然后选择IK控制器，执行"骨架>设置预设角度"命令，将当前的骨骼链状态设置为预设角度，如下左图所示。

步骤 02 移动IK改变骨骼链的预设角度，然后选择IK控制器，执行"采用首选角度"命令，骨骼链就会恢复到初始状态，如下右图所示。

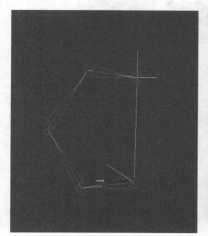

恢复到预设角度

8.3　骨骼与模型的绑定

模型制作完成后，就需要创建出适合于模型的骨骼系统。在创建骨骼前，用户需了解如何创建骨骼以及骨骼创建时的规则。

在创建角色骨骼之前，用户需要充分了解骨骼的创建规则，只有创建出适合角色的骨骼系统，才能模拟出真实的骨骼及运动特征，下面对创建骨骼的基本规则进行详细介绍。

1. 首先了解要创建的角色骨骼的自然状态，以此来判断在模型的什么部位需要创建什么样的骨骼。

2. 创建适合于角色骨骼的动力学控制方式，在创建的过程中要遵循简单、高效的创建规则。

3. 在创建角色骨骼时必须规范化和系统化，例如，骨骼的规范化命名在工作中极其重要。

4. 根据实际情况来确定蒙皮的方法，以及蒙皮的权重绘制方法等。

8.4 变形技术

变形是Maya 2018中的一种动画技术，在制作角色时，若需要模型产生特殊的变形效果，就可以使用Maya的变形技术。

8.4.1 变形的概念

变形是指模型的外形发生改变，而物体的拓扑结构并没有发生改变，面、点、线的数目也不发生变化，它是利用不同的变形器和骨骼蒙皮来实现的，变形效果如下图所示。

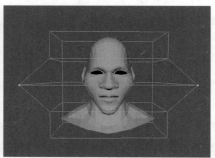

8.4.2 变形器的作用

在Maya 2018中，用于使模型发生变形的工具统称为变形器。要想使模型发生变形，最直观有效的方法就是控制模型顶点的位置变化来产生形变。变形器的优势在于可以通过一个变形器来控制模型一个区域的顶点，这样模型变形的操作就被很大程度的简化了，用户可以根据需要创建很多个变形器来对变形区域进行操控。

8.4.3 变形器的分类

在Maya 2018中，变形器的种类很多，根据变形效果的不同可以分为混合变形、晶格变形、包裹变形、簇变形、雕刻变形以及非线性变形等变形器。

- **混合变形**：通过混合变形控制器，可以使模型产生从一个形状到另一个形状的过渡效果。
- **晶格变形**：为模型提供了精确的变形控制器。
- **包裹变形**：该变形器可以利用其他的几何体来控制变形，从而使变形过程中更加容易操控。
- **簇变形**：簇控制器可以控制一个指定区域内的顶点发生变形。下左图是手动选择模型上顶点的效果，在下右图中可以看到原来选择的点被一个c点所取代。c点即簇变形控制手柄，使用移动工具移动簇变形控制点。

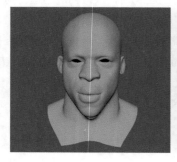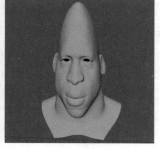

- **雕刻变形**：通过改变球形控制器的状态来影响模型的形状变化。
- **非线性变形**：非线性变形有6种变形方式，分别是"弯曲""扩张""正弦""挤压""扭曲"和"波浪"变形效果，下图为立方体"弯曲"变形前后的对比效果。

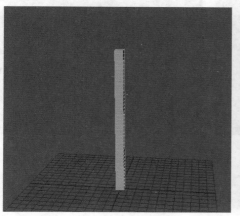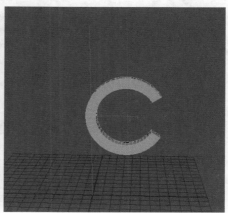

下图为立方体"扭曲"变形前后的对比效果。

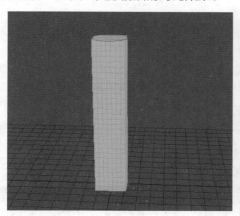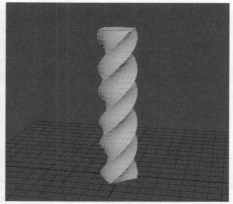

8.5 混合变形

混合变形控制器可以使模型在多个外形变化效果中过渡切换显示，混合变形控制器常常在制作角色表情动画时使用。

8.5.1 创建混合变形

创建混合变形时，至少需要两个结构相似、形状不同的物体，利用混合变形操作可以产生从一个形状到另一个形状的过渡效果，下面通过制作人物面部表情动画来介绍混合变形技术的应用。

首先打开随书光盘的hunhebianxing01.mb文件，依次选择不同形状的目标体（变形模型），然后选择要制作混合变形效果的变形体（原始模型），如下左图所示。然后执行"变形>创建>混合变形"命令，创建混合变形效果。

单击"变形>创建>混合变形"命令后的选项框按钮，打开"混合变形选项"对话框，如下右图所示。切换到"基本"选项卡，下面对"基本"选项卡中的相关属性的含义进行介绍。

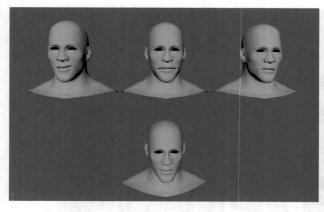

- 混合变形节点：用户可以根据需要在此文本框中输入创建混合变形器的名称。
- 封套：该数值控制变形的程度，最大值为1，最小值为0。
- 原点：该选项用于控制在创建混合变形时是否考虑目标体和变形体之间的空间位置差异。
- 目标形状选项：该选项区域中有3个复选框，"介于中间"复选框决定变形的方式是系列变形还是平行变形；"检查拓扑"复选框用于检查基础物体和变形物体的拓扑线是否相同；"删除目标"复选框决定是否在创建混合变形效果后删除目标体。

8.5.2 混合变形编辑器

混合变形控制器创建完毕后，用户可以根据需要对混合变形控制器进行编辑和相关参数的修改，下面介绍具体操作方法。

步骤 01 选择变形体，执行"窗口>动画编辑器>形变编辑器"命令，打开"形变编辑器"对话框，如下左图所示。

步骤 02 修改相关参数后查看变形效果，如下右图所示。

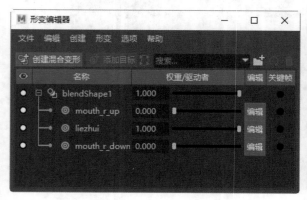
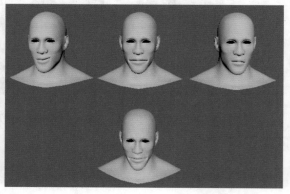

8.5.3 添加或删除目标物体

在使用混合变形控制器的过程中，可能会遇到目标物体多余或不够的情况，这时就需要用户删除或添加目标体，下面介绍添加新目标体的操作方法。

步骤 01 复制一个新的变形体，利用"晶格"变形工具对其形状进行编辑，效果如下左图所示。

步骤 02 选择目标体，然后按住Shift键加选变形体，执行"变形>编辑>混合变形>添加"命令，效果如下右图所示。

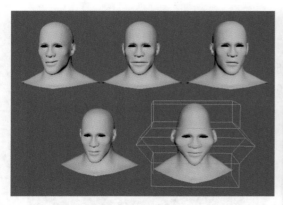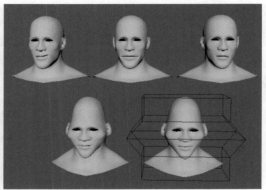

　　在使用"混合变形"控制器的过程中，用户还可以根据需要删除多余的目标物体，下面详细介绍删除目标物体的操作方法。

步骤 01 打开随书光盘中的hunhebianxing02.mb文件，场景中有3个变形面部文件，如下左图所示。

步骤 02 选择一个想要删除的目标体，如下右图所示。

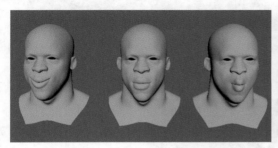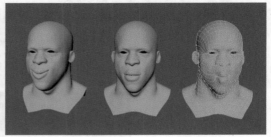

步骤 03 按住Shift键的同时加选中间的变形体，如下左图所示。

步骤 04 执行"变形>编辑>混合变形>移除"命令，即可将目标物体删除，下右图为删除目标体后的效果。

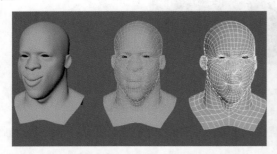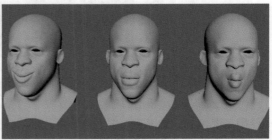

> **注意：**
>
> 执行"移除"命令后，变形体和被移除的目标体之间不再有任何关联，用户可以分别选择它们并进行操作。

8.6　晶格变形

　　晶格变形工具在制作模型或动画时经常使用，它是利用一个立方体框架结构的点阵来改变物体的形状，本节将对创建及使用晶格变形工具的方法进行介绍。

8.6.1 创建晶格变形

晶格变形是使用一个立方体框架结构的点来改变物体的形状，下面介绍创建晶格变形的操作方法。

步骤 01 首先创建一个模型作为编辑对象，如下左图所示。

步骤 02 执行"变形>创建>晶格"命令，即可为模型创建晶格变形器，如下右图所示。

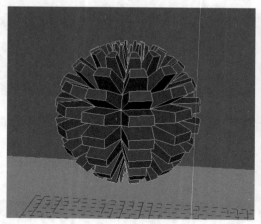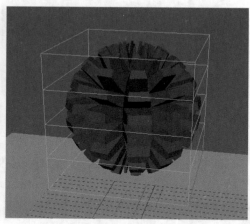

单击"变形>创建>晶格"命令后的选项框按钮，打开"晶格选项"对话框，如下图所示。下面将对"晶格选项"对话框中"基本"选项卡下一些较为重要的参数的含义进行介绍。

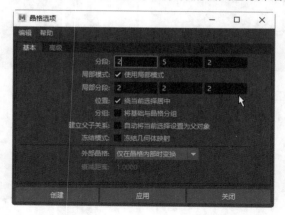

- **分段**：该参数用于设置晶格的分段数，后面的三个数值分别对应晶格X、Y、Z轴向上的分段数，用户可以根据需要设置相应轴向上的分段数。
- **使用局部模式**：如果不勾选此复选框，移动晶格上的任意一点都会对整个模型产生影响；勾选此复选框，可以在"局部分段"选项中设置顶点的影响范围。
- **局部分段**：该参数可以精确设置晶格上顶点对模型的影响范围，值越小，影响范围越小。
- **位置**：勾选"绕当前选择居中"复选框，表示只对晶格所包裹的模型变形作用。

8.6.2 编辑晶格

晶格变形创建完毕后，用户就可以使用移动、旋转、缩放等工具对晶格进行操作，下面介绍编辑晶格的操作方法。

步骤 01 选择场景中的模型，然后单击鼠标右键，会弹出一个快捷菜单，如下左图所示。

步骤 02 选择"晶格点"命令，或者选中晶格后按F8功能键切换到组元选择模式，如下右图所示。

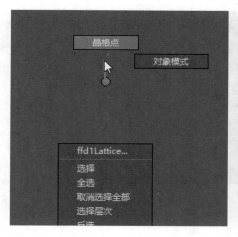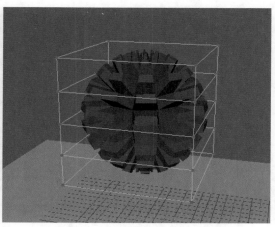

步骤 03 选择晶格点，然后根据需要对想要变形部位的晶格点进行移动、旋转、缩放等操作，使模型发生变形，如下左图所示。

步骤 04 按F8功能键进入组元编辑模式，执行"编辑>按类型删除全部>历史"命令，即可将晶格删除，如下右图所示。

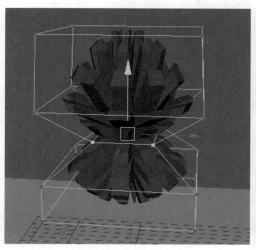

8.7 簇变形

簇变形在制作模型时经常使用，它的创建和编辑都比较简单，本小节将为用户介绍创建及编辑簇变形的操作方法。

8.7.1 创建簇变形

创建簇变形时必须先进入模型的顶点编辑模式，否则不会有任何的变形效果。下面为大家介绍创建簇变形的具体操作步骤。

步骤 01 切换到模型的顶点编辑模式，然后选择一组顶点，如下左图所示。

步骤 02 执行"变形>创建>簇"命令，可以看到之前选择的顶点被一个C点所取代，C点即簇变形控制手柄，选择它并使用移动工具，可以移动控制点，如下右图所示。

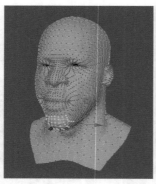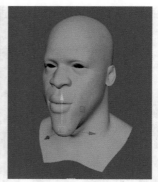

8.7.2　编辑簇变形范围

　　选择簇变形控制器，然后执行"变形>编辑>编辑成员身份工具"命令，此时的效果如下左图所示。

　　图中黄色的点就是被簇控制器影响的点，其他的紫色点则表示不受簇控制器的控制。用户可以按住Shift键拖动鼠标左键增加受影响的点，或者按住Ctrl键减少受影响的点，如下右图所示。

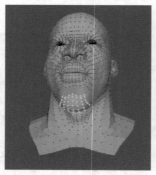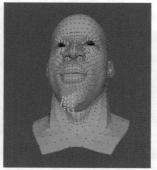

 ## 知识延伸：晶格分段

　　晶格的数量直接决定了模型的变形效果，在场景中创建晶格后，并不代表就可以直接创建变形，用户需要根据自己的需要设置晶格分段来细化晶格，下面介绍设置晶格分段的几种方法。

　　方法1：单击"变形>创建>晶格"命令后的选项框按钮，打开"晶格选项"对话框，通过修改"分段"属性的数值可以设置晶格的分段，如下左图所示。

　　方法2：在场景中选择模型，然后在通道栏中进行相关参数修改，如下右图所示。

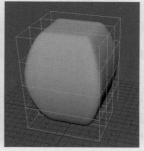

在通道栏中修改S、T、U分段数，如下左图所示。设置晶格分段完成后的效果如下右图所示。

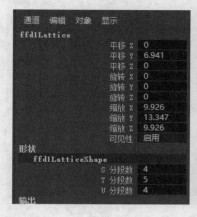 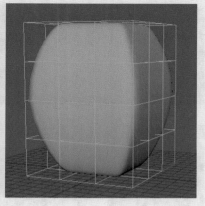

下面对通道盒 "形状" 卷展栏中参数的功能进行介绍。

● **S分段数：** 在晶格变形结构中设置S轴的分段数，默认数值为2。
● **T分段数：** 在晶格变形结构中设置T轴的分段数，默认数值为5。
● **U分段数：** 在晶格变形结构中设置U轴的分段数，默认数值为2。

 上机实训：应用骨骼与模型绑定

通过对本章内容的学习，相信用户对于创建骨骼和骨骼的基本操作有了一定了解，下面通过具体操作实例来巩固骨骼绑定的相关知识。

步骤 01 打开随书光盘的shangjishixun.mb文件，模型如下左图所示。

步骤 02 选择所有模型并打组，放置于坐标原点，然后选择组通道栏中的 "平移" "旋转" "缩放" 选项，在通道栏右击，在打开的菜单栏中执行 "冻结>全部" 命令，如下中图所示。

步骤 03 创建一个新的图层，将模型放置图层内，然后双击图层名称，打开 "编辑层" 对话框，将名称改为moxing，设置显示类型为 "模板"，单击 "保存" 按钮，如下右图所示。

步骤 04 切换到侧视图，执行 "骨架>创建关节" 命令，在下图所示的位置单击创建骨骼，该骨骼为根骨骼。

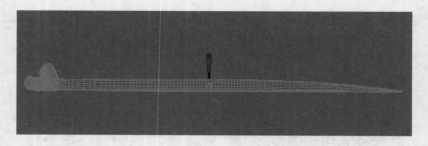

步骤05 沿着模型的外形轮廓继续向前创建骨骼，如下图所示。

前半部分骨骼的父骨

步骤06 选择前半部分骨骼链的父骨节，然后在菜单栏中执行"修改>搜索和替换名称"命令，打开"搜索替换选项"对话框，设置参数如下左图所示。然后单击"替换"按钮，新的名称将会替换骨骼之前的名称。

步骤07 在菜单栏中执行"骨架>创建关节"命令，继续沿着模型中间部分的骨骼点创建后半部分的骨骼，如下右图所示。

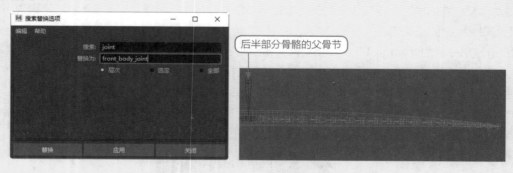

后半部分骨骼的父骨节

步骤08 选择后半部分的父骨骼，使用之前介绍的方法打开"搜索替换选项"对话框，设置参数后单击"替换"按钮，如下左图所示。

步骤09 根据角色嘴部的外形，执行"骨架>创建骨节"命令，创建嘴部上颚的骨骼，如下右图所示。

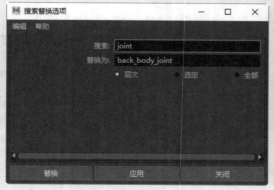

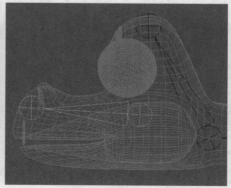

步骤10 同样的方法，为角色嘴的下颚部分创建一段骨骼，如下左图所示。

步骤11 先选择上颚部分的骨骼，按住Shift键加选下颚部分的骨骼，然后再按住Shift键加选脖子的骨骼，执行"编辑>父对象"命令，如下右图所示。

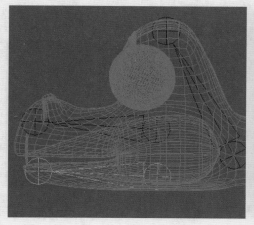
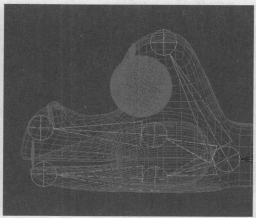

步骤12 为头部部分的骨骼重新命名，如下左图所示。

步骤13 执行"骨架>创建IK样条线控制柄"命令，在下右图所示首末端位置分别单击，创建IK样条线控制柄控制器。

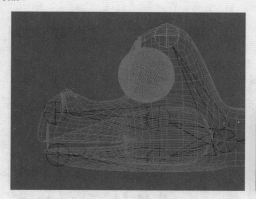

步骤14 使用相同的方法，在模型后半段的首末端位置处分别单击，创建IK样条线控制柄控制器，如下左图所示。

步骤15 单击工具架下的"显示"按钮，打开其子菜单，取消勾选"多边形""关节"和"IK控制柄"复选框，如下右图所示。

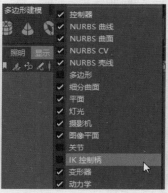

步骤16 Maya场景中只剩下两条"IK样条线控制柄"上的曲线，选择曲线按住鼠标右键选择"控制顶点"模式，如下左图所示。

步骤17 可以看到曲线上的控制顶点较少，选择曲线，切换到"建模"模块，执行"曲线>重建"命令，打开"重建曲线选项"对话框，设置"跨度数"参数为8，如下右图所示。另一条曲线的操作方法相同。

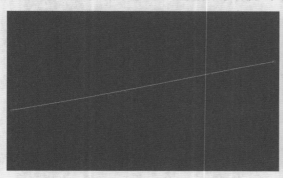 

步骤18 选择曲线并按住鼠标右键，选择"控制顶点"模式，选择其中一个顶点，按住鼠标右键选择"簇"命令，整条曲线上的顶点都会被"簇"控制器所控制，如下左图所示。

步骤19 选择其中的一个"簇"控制器，按下Ctrl+A组合键，打开属性面板，然后选择clusterHandle选项卡，打开"显示"面板，勾选"显示控制柄"复选框，可以看到"簇"控制器上方有一个控制手柄，然后修改选择控制柄参数，将控制柄上移，其他"簇"控制器执行相同操作，如下右图所示。

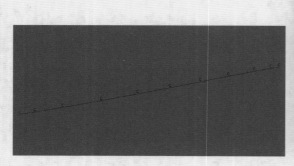 

步骤20 打开大纲视图，将所有"簇"控制器手柄打组，如下左图所示。

步骤21 创建一条NURBS圆形曲线，移动它的顶点位置来改变其形状，并放在模型下方，如下左图所示。选择曲线，使用之前介绍的方法冻结其"移动""旋转""缩放"属性，并删除其历史记录。

步骤22 打开大纲视图，先选择"簇"控制器组，然后按住Shift键加选根骨骼，再按住Shift键加选NURBS圆形曲线，执行"编辑>父对象"命令，如下右图所示。

 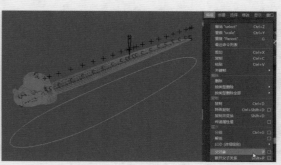

步骤23 先选择根骨骼，再按住Shift键加选模型，执行"蒙皮>绑定蒙皮"命令，如下左图所示。

步骤24 模型绑定完成，可选择"簇"控制器手柄进行移动来对绑定进行测试，如下右图所示。

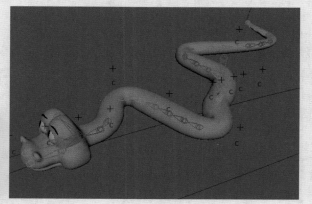

课后练习

1. 选择题

（1）创建IK控制器时选择"旋转平面解算器"，创建完成后可以选择IK控制手柄，按（　　）键显示其控制手柄。

A. B   B. J   C. K   D. T

（2）创建簇变形时必须先进入模型的（　　）编辑模式，否则不会有任何的变形效果。

A. 顶点   B. 对象   C. 面   D. 线框

（3）非线性变形有6种变形方式，分别是"弯曲""扩张""正弦""挤压""（　　）"和"波浪"变形效果。

A. 歪曲   B. 直曲   C. 扭曲   D. 圆曲

（4）晶格变形控制器创建完成后，选中晶格，鼠标上移选择"晶格点"命令，或者选中晶格后按下（　　）功能键切换到组元选择模式

A. F1   B. F8   C. F6   D.F9

（5）设置晶格分段的方法有（　　）种。

A. 1   B. 2   C.3   D.4

2. 填空题

（1）骨骼链创建完毕后，可以根据实际情况适当地删除多余的骨骼，但是这样会一起删掉需要的子层级骨骼，此时用户可以通过＿＿＿＿＿＿命令删掉特定的某一段骨骼。

（2）在创建和编辑角色骨骼时，若需要将两个独立的骨骼链连接在一起，可以使用Maya 2018提供的"连接关节"命令将独立的骨骼连接在一起，从而简化骨骼创建的复杂程度。骨骼连接的方式分为两种，一种是＿＿＿＿＿＿模式，另一种是＿＿＿＿＿＿模式。

（3）骨骼链创建完成后，未被操作之前的初始状态都被视为骨骼链的＿＿＿＿＿＿角度。

（4）选择IK控制器，执行＿＿＿＿＿＿命令，骨骼链就会回到预设角度状态。

（5）在Maya 2018中，用户可以根据需要选择骨骼链上的任意一个骨关节，使用＿＿＿＿＿＿命令将其指定为骨骼链的根部骨骼。

3. 上机题

打开随书光盘的kehoulianxi.mb文件，使用混合变形控制器，为角色制作面部表情动画，效果如下图所示。

第二部分
综合运用篇

学习了Maya 2018的基础操作、多边形模型的创建方法、NURBS建模技术应用、材质与纹理的相关知识以及渲染与动画的相关操作后，在综合运用篇中将通过角色模型的制作、室内场景模型的制作和彩色钻石材质制作的具体操作，对所学知识进行灵活运用。通过对本篇内容的学习，可以使读者更加深刻掌握Maya三维建模和材质设置的应用，达到运用自如、融会贯通的学习目的。

▌第9章　制作角色模型　　　　　　　　▌第10章　制作室内场景模型
▌第11章　制作彩色钻石材质

第9章 制作角色模型

本章概述

本章将通过制作角色模型的具体实例，介绍卡通角色的制作全流程。用户可以通过角色的头部、衣服和鞋子等的制作过程来掌握卡通角色制作要领与规范。

核心知识点

❶ 掌握角色人物头部的制作方法
❷ 掌握角色人物衣服的制作方法
❸ 掌握角色人物鞋子的制作方法

步骤 01 首先打开Maya软件，执行"文件>项目窗口"命令，新建工程文件，如下左图所示。

步骤 02 在打开的"项目窗口"对话框中设置新文件名称和储存位置，单击"接受"按钮，如下右图所示。

步骤 03 把参考图片放到Source Images文件夹里，如下左图所示。

步骤 04 在前视图中执行"视图>图像平面>导入图像"命令，导入katong_front.jpg图片，如下右图所示。

步骤 05 设置图片在网格后的距离"图像中心 Z"为-30，如下左图所示。

步骤 06 在侧视图中执行"视图>图像平面>导入图像"命令，导入katong_side.jpg图像，如下右图所示。

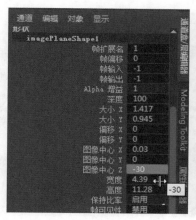

步骤 07 设置图片在网格后的距离"图像中心X"为-30，如下左图所示。

步骤 08 新建一个长方体，在边模式下选中头顶的边，按住Ctrl+鼠标右键，选择环形边工具，再选择到环形边并分割工具并加一条中线，如下右图所示。

步骤 09 在面模式下删掉一半矩形，如下左图所示。

步骤 10 打开"编辑"菜单，取消勾选"特殊复制"复选框，如下右图所示。

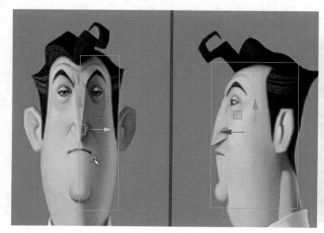

步骤 11 执行"编辑>特殊复制"命令,打开"特殊复制选项"对话框,选择"几何体类型"为"实例",设置"缩放"值为-1,参数设置如下左图所示。

步骤 12 在长方体上添加线,效果如下右图所示。

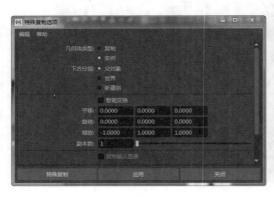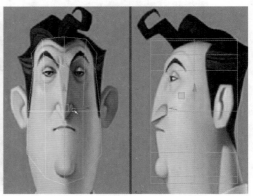

步骤 13 在顶点模式下,对头部的基本形状进行调整,如下左图所示。

步骤 14 在眼睛部位加线,点与点之间连接,按住Shift+鼠标右键,执行多切割操作,调整眼窝深度,如下右图所示。

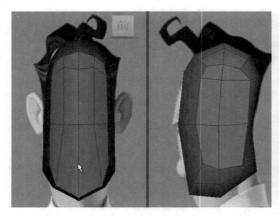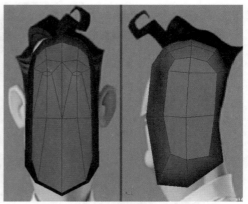

步骤 15 为人物嘴巴部分加线,根据参考图片对嘴巴的形状进行调整,如下左图所示。

步骤 16 调整两眼之间的线和内眼角的线,选择需要删除的线,按住Shift+鼠标右键,执行删除边命令,再调整点,让线分布匀称,效果如下右图所示。

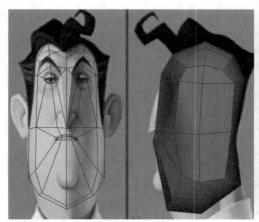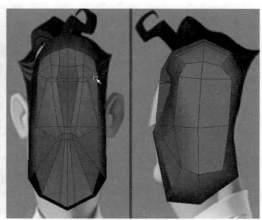

步骤17 选出制作鼻子的面，按Ctrl+E组合键向外挤出，稍微缩小一点，再往外移动一点，如下左图所示。
步骤18 对照参考图片调整鼻子的高度和宽度，如下右图所示。

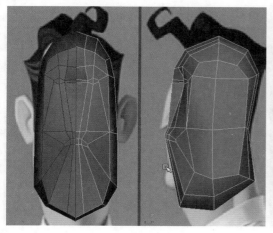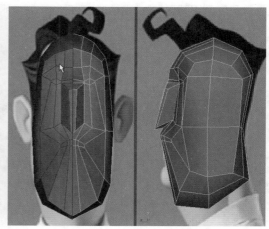

步骤19 鼻梁的地方改线，调整鼻子的形状，如下左图所示。
步骤20 嘴巴的部位加线，调整其形状，如下右图所示。

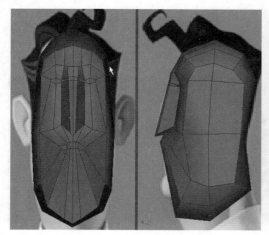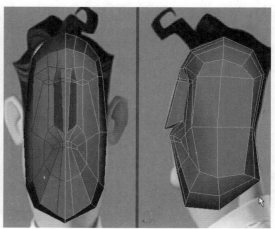

步骤21 首先为嘴巴部位再加一圈线，调节形状。接着从鼻底到眼睛部位加一圈线，调节形状。同样的操作，在鼻梁部分加根线，调节形状。最后把眼睛的面删掉，如下左图所示。
步骤22 嘴巴部分再加一圈线，调整嘴部形状，让嘴部更饱满，如下右图所示。

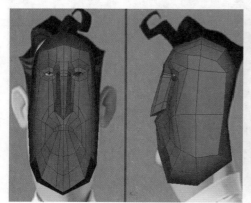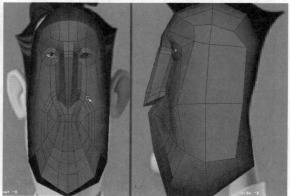

步骤 23 嘴唇加两圈线，调整嘴唇的形状，最里面一圈线往嘴唇内部去，再把最里面的面删掉，如下左图所示。

步骤 24 从鼻底到眼睛再加一圈线，调整形状，制作眼部肌肉效果，如下右图所示。

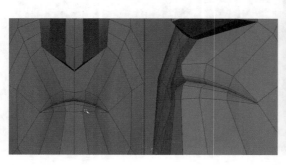
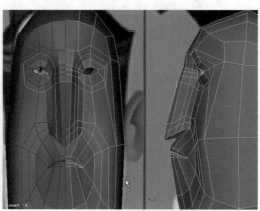

步骤 25 选中鼻子侧面做鼻翼的四个面，执行"挤出"命令，挤出鼻翼，再收缩一点，调整形状，如下左图所示。

步骤 26 在眼睛部位加一圈线，调节出眼睑的弧度，如下右图所示。

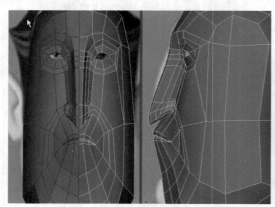
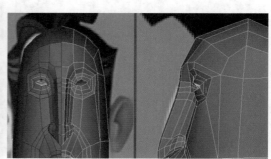

步骤 27 修改眼睛部位和侧脸的线，并调节点的位置，如下左图所示。

步骤 28 修改颧骨部位的五边面，注意线的走向与分布，再调节形状，如下右图所示。

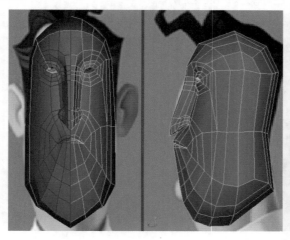
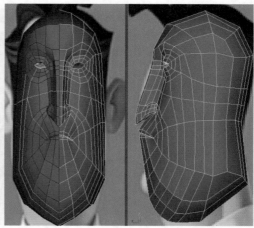

步骤 29 为唇部加线，调整嘴唇的厚度，如下左图所示。

步骤 30 选中下巴部分，执行"挤出"命令，删除模型中重合地方的面，然后对形状进行调整，如下右图所示。

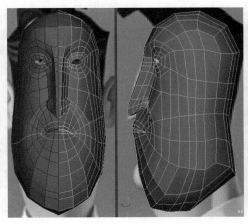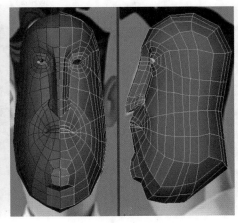

步骤 31 加线细化下巴部分，如下左图所示。

步骤 32 选中脖子部分，执行"挤出"命令，删除底面和重合的侧面，调整其形状，如下右图所示。

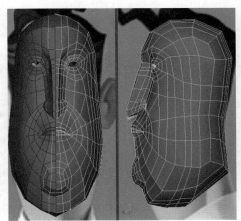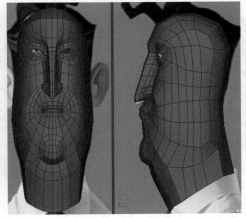

步骤 33 为外眼角加线，调整其形状，再选中眼睛最内圈的线，执行"挤出"命令，挤出一点，再收缩一点，再执行一次"挤出"命令，挤出并收缩一点，如下左图所示。

步骤 34 修改额头部分的线，使所有面都是四边形，调整耳朵部分的线，如下右图所示。

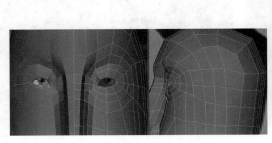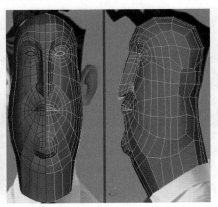

步骤 35 选中制作耳朵的六个面，执行"挤出"命令，根据参考图片进行加线，调整耳朵的整体形状，再改脖子部分的线，按下数字键3平滑整个头部，观察其整体形状并做细微调整，如下左图所示。

步骤 36 选择整个模型，执行"网格>结合"命令，按下数字键3平滑显示，对不满意的地方进行调整，直到满意为止，如下右图所示。

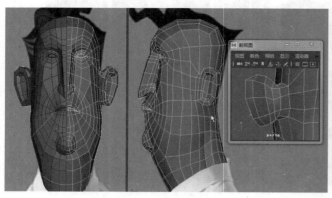 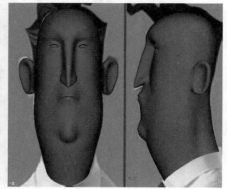

步骤 37 在制作好的卡通角色头部模型的头顶位置上执行"编辑网格>复制"命令，复制出一层头皮的面，用于制作头发，如下左图所示。

步骤 38 调整复制的头皮的形状，对准头发的位置执行一次"挤出"命令，如下右图所示。

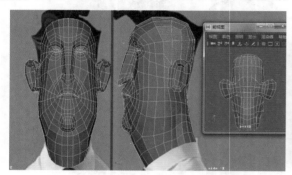 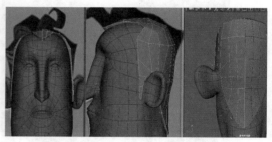

步骤 39 按照卡通角色设计图纸把头发的细节刻画出来，注意毛发的形状需要挤出，如下左图所示。

步骤 40 新建一个NURBS球体，鼠标右键单击NURBS球体，在"等参线"模式下勾画一条与眼睛瞳仁大小相同的虚拟线段，之后执行"曲面>插入等参线"命令，添加这条线，如下右图所示。

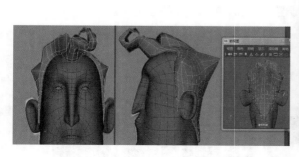 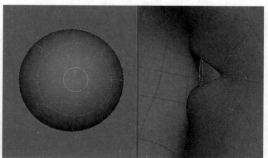

步骤 41 在刚刚添加的线的外侧再添加两圈线，作为瞳仁的约束线，如下左图所示。

步骤 42 复制一个眼球作为瞳仁外侧的晶状体备用。在眼球上面将瞳仁内侧的点向眼睛内侧推进，造成瞳仁向眼内凹陷的效果，如下右图所示。

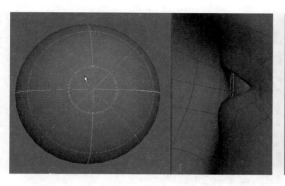 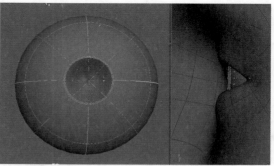

步骤 43 在凹陷进去的瞳仁位置内，添加一条与瞳孔大小相同的线段。执行"曲面>分离"命令，打断这条线，使瞳孔与整个模型分离。然后在瞳孔的位置向外拉出一个凸弧度，如下左图所示。

步骤 44 在瞳仁范围内的部分将复制出来的晶状体向外拉伸出一个弧度，并重叠晶状体与眼球，效果如下右图所示。

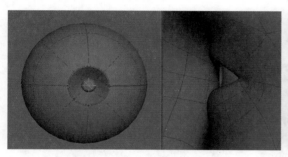 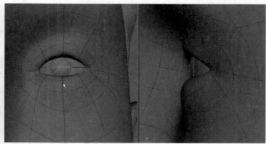

步骤 45 选中眼球的所有模型，按下Ctrl+G组合键进行打组，再按D+V组合键，把坐标吸附到脸的中线上。接着按下Ctrl+D组合键执行复制操作，设置缩放X轴向值为−1，如下左图所示。

步骤 46 新建一个多边形立方体，设置细分宽度为4、高度细分数为4、深度细分数为3，删掉一半立方体。执行"特殊复制"命令，复制出另一半（和脸部复制的设置一样），如下右图所示。

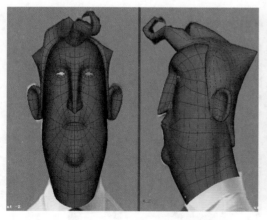 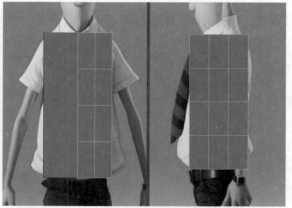

步骤 47 根据参考图片调整衣服的形状，在侧视图中调整卡通角色侧面衣袖的位置，注意线段的匀称合理性，如下左图所示。

步骤 48 接下来修改模型的领口。首先在领子的位置上画出与卡通角色设计相同的一个圆形，切掉圆形里面的面，选线并执行"挤出"命令，挤出领子的形状，按数字键3进行圆滑显示，在过于圆滑的边缘执行"网格工具>插入环形边"命令，如下右图所示。

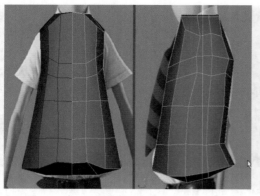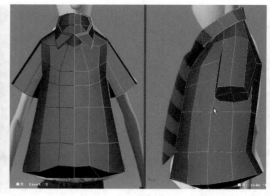

步骤49 在衣服的袖口和底部位置执行边挤出操作，制作出衣服的整体厚度，更改肩部的线，在腋窝部分加三条线，做出衣服的褶皱效果，如下左图所示。

步骤50 选中衣服模型，执行"网格>结合>编辑网格>合并"命令（衣服左右的褶皱并非完全相同，需要分开制作），效果如下右图所示。

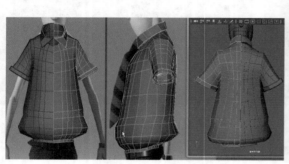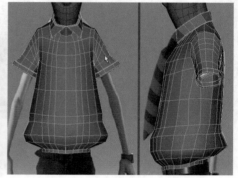

步骤51 制作衣服上的褶皱（加线，改线，调整），然后按下数字键3执行圆滑处理，对不满意的地方进行修改，如下左图所示。

步骤52 接着制作领带，首先新建一个方体加一条中线，根据领带调整形状，如下右图所示。

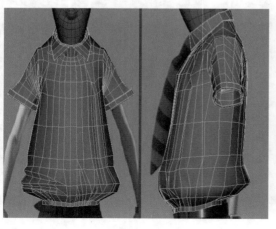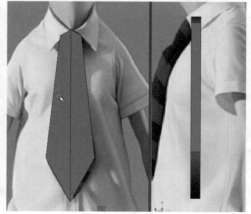

步骤53 加线调整为下左图所示的形状。

步骤54 加线并进行细化，按下数字键3进行圆滑处理，然后执行"网格工具>插入环形边"命令进行卡线，然后对不满意的地方进行调节，效果如下右图所示。

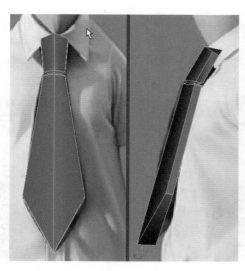
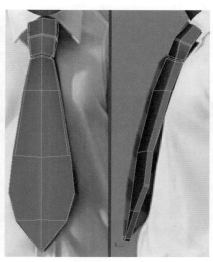

步骤55 创建一个圆柱体，设置轴向细分数为8，并按参考图片的形状对齐圆柱体，在上面添加相应的段数以方便造型，删除顶面与底面的面，如下左图所示。

步骤56 按D+V组合键让坐标在模型的最内侧，执行"特殊复制"命令，删除最上面一节内侧的两个面，选中内侧的线并执行"挤出"命令，再根据参考图片调节模型，效果如下右图所示。

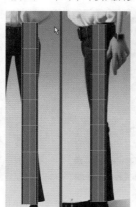
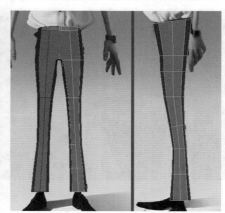

步骤57 对照设计图中裤子的位置，调整好造型并且添加线段，制作裤子上的褶皱效果，如下左图所示。

步骤58 选中裤子的所有模型，执行"网格>结合>编辑网格>合并"命令，按下数字键3进行圆滑显示，对不满意的地方进行调节，效果如下右图所示。

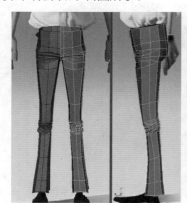
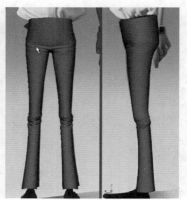

步骤59 新建一个多边形平面，设置细分宽度为40、高度细分数为3，拉长模型，在动画模式下执行"变形>非线性>弯曲"命令，修改bend1下的曲率为220，如下左图所示。

步骤60 将模型调整到相应的位置，旋转模型与图片方向一致，把重合的面向外移动一点。然后选中外圈的五个面，执行"编辑网格>挤出"命令，缩放收缩面，删除收缩后的面，如下右图所示。

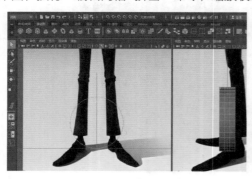 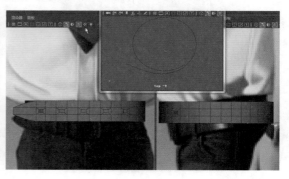

步骤61 选中模型，执行"挤出"命令，按下数字键3进行圆滑显示，在需要卡线的地方进行卡线，根据整体模型调节腰带的大小，如下左图所示。

步骤62 根据参考图片制作皮带扣并调整到相应的位置，按下数字键3进行圆滑显示，然后进行卡线和调整，如下右图所示。

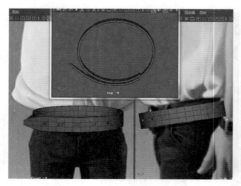 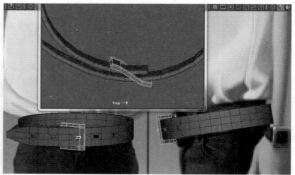

步骤63 使用多边形立方体制作出卡通角色裤子上的裤别儿，再按照设计稿将裤别儿复制排列好，如下左图所示。

步骤64 新建一个圆柱体，设置轴向细分数为8，与卡通角色图片位置相对应，删除上下两个面。然后选中手腕的点并旋转45度，如下右图所示。

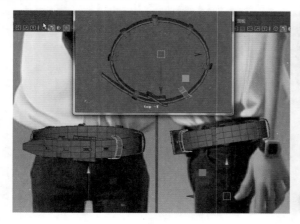 

步骤 65 根据参考图片调节胳膊的形状，如下左图所示。

步骤 66 为胳膊肘加线并调整形状，再选中胳膊肘的四个面，执行"挤出"命令，调整形状，效果如下右图所示。

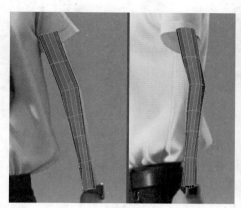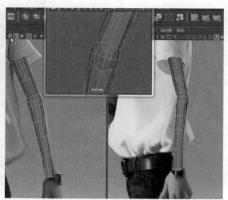

步骤 67 新建一个方体，根据参考图片调整其大小，增加相应的段数，如下左图所示。

步骤 68 接着对手掌进行调整，该步骤中需要注意手掌厚度和弧度的调整，弧度还用于分辨手心与手背，如下右图所示。

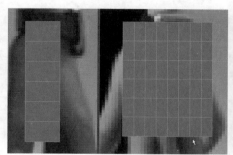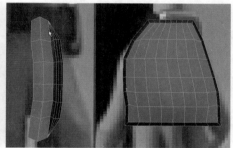

步骤 69 使用圆柱体制作手指，注意圆柱体上的分段。调节出手指的形状，并挤出手指甲部分，删除顶部的面，效果如下左图所示。

步骤 70 对手掌部分进行改线，删除与手指相连的面，如下右图所示。

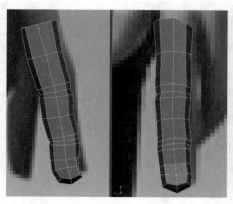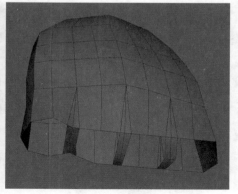

步骤 71 为制作好的手指再复制出3个，根据参考图片修改大小和形状，如下左图所示。

步骤 72 选中手掌和手指执行"网格>结合"命令，在点模式下，按住Shift+鼠标右键，执行合并顶点和目标焊接工具命令，把手指与手掌之间的点连接起来，如下右图所示。

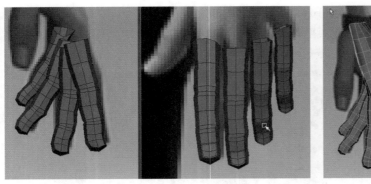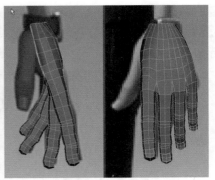

步骤 73 在手掌内侧选择下左图所示的面，准备挤出大拇指。

步骤 74 挤出大拇指并修改它的原始形态，使其与设计图相吻合。注意，大拇指的造型与之前制作的手指形状不同，再调节手的形状，如下右图所示。

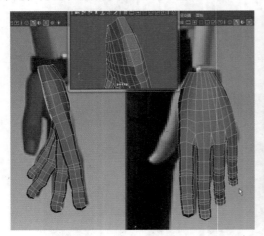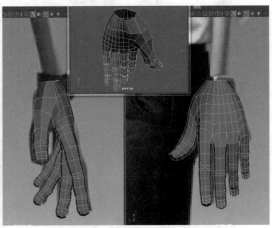

步骤 75 选择手与手臂，执行"网格>结合"命令，在点模式下，按住Shift+鼠标右键，执行合并顶点和目标焊接工具命令，把手与手臂缝合起来，多的点可以连接在相近的点上，如下左图所示。

步骤 76 复制出另外一个胳膊，根据参考图片调整其位置，如下右图所示。

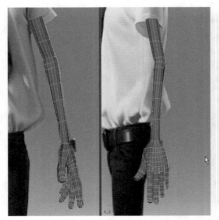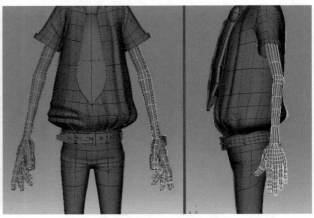

步骤 77 新建一个圆柱体，将顶面与底面删掉，根据参考图片调节脚踝形状，如下左图所示。

步骤 78 创建一个立方体，并在立方体上划分出足够的段数，以更好地做出鞋的弧度，如下右图所示。

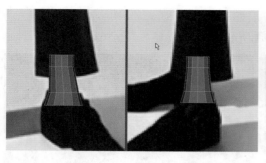

步骤79 调节出鞋子的大型，把顶上的面删掉，如下左图所示。

步骤80 选中侧边的边，执行"挤出"命令，再调节形状，如下右图所示。

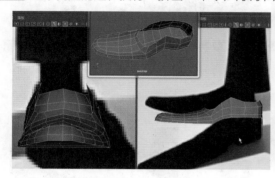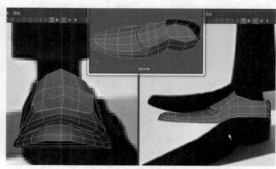

步骤81 选中另外一边的边，执行"挤出"命令，把鞋上的盼子也挤出来。再中做出扣的孔，删除面。选中里面的线，执行"挤出"命令，拉出厚度，如下左图所示。

步骤82 选中底面，执行"挤出"命令，挤出鞋底厚度，再选中鞋底侧边的一圈面，向外挤出一定的厚度，如下右图所示。

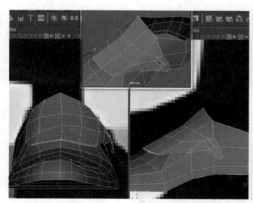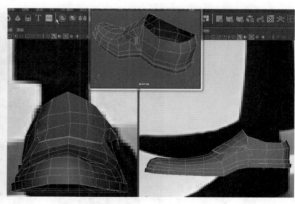

步骤83 选中鞋跟部分的面，向下挤出鞋跟的厚度（操作同上一步骤），如下左图所示。

步骤84 按数字键3进行圆滑显示，在需要卡线的地方卡线，对不满意的地方进行调整，如下右图所示。

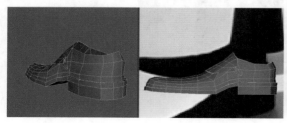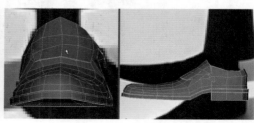

步骤 85 新建一个立方体，根据参考图片制作鞋子的盼子，如下左图所示。

步骤 86 按下数字键3进行圆滑显示，然后卡线，如下右图所示。

 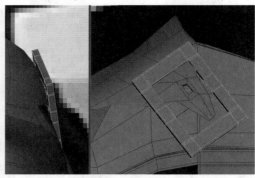

步骤 87 新建一个立方体，根据参考图片调整至所需的形状，按数字键3进行圆滑显示，卡线，效果如下左图所示。

步骤 88 接着复制出另外一只脚，如下右图所示。

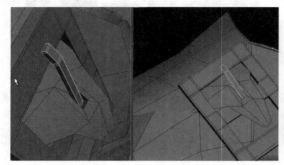 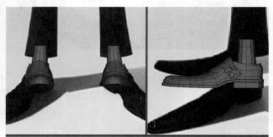

步骤 89 完成卡通角色的整体制作，调整整体形态，最终效果如下图所示。

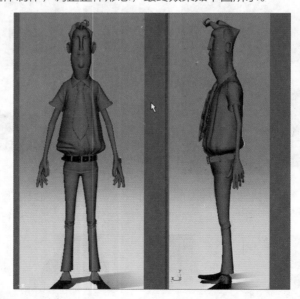

第10章　制作室内场景模型

本章概述

Maya场景建模是三维动画片制作的基础，场景建模的优劣直接决定了三维动画的制作效率和效果。本章将通过制作室内场景模型的具体实例，进一步巩固、提高用户模型创建的操作方法和技巧。

核心知识点

① 掌握制作电视机模型的方法
② 掌握制作柜子模型的方法
③ 掌握制作音响模型的方法
④ 掌握制作沙发模型的方法

步骤 01 在新建的场景中创建一个多边形立方体，放置在下左图所示的位置，然后将其命名为house。

步骤 02 选择模型并进入面模式，将两个不需要的面选中并删除，如下右图所示。

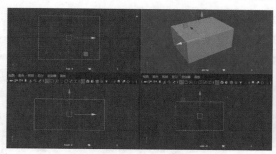 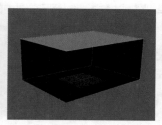

步骤 03 选中模型，然后在菜单栏中执行"网格显示>反转"命令，将法线反转，结果如下左图所示。

步骤 04 选中模型，执行"显示>多边形>背面消隐"命令，效果如下右图所示。

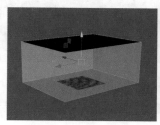 

步骤 05 创建一个摄影机并摆放在合适的位置，如下左图所示。

步骤 06 选择摄影机，在右边的通道栏中选中平移、旋转、缩放属性，然后按住鼠标右键选择"锁定选定项"命令，如下右图所示。此时摄影机不能进行任何平移、旋转、缩放操作。

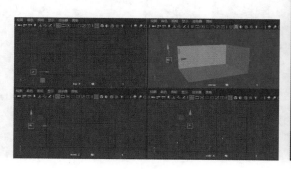 

步骤07 下面开始制作电视机模型，首先创建一个多边形立方体，然后使用移动、缩放工具调整该多边形的位置和大小，如下左图所示。

步骤08 选中下右图所示的面，然后执行"编辑网格>挤出"命令。

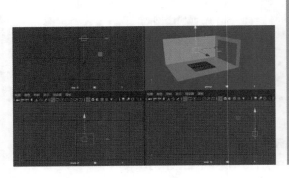
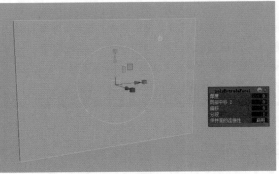

步骤09 按R键，使用缩放工具缩放挤出的面，并使用移动工具移动挤出的面，效果如下左图所示。

步骤10 进入模型的线模式，选择下右图中的线，然后按住Shift+鼠标右键，选择"倒角边"命令。

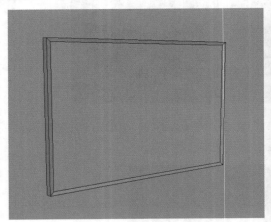
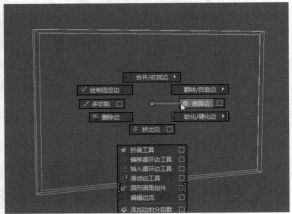

步骤11 在弹出的面板中设置"分数"值为0.2、"分段"值为2，如下左图所示。

步骤12 电视机模型制作完成后，单击"隔离选择"按钮，将模型单独显示，然后按下数字键3，效果如下右图所示。

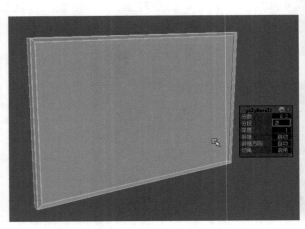
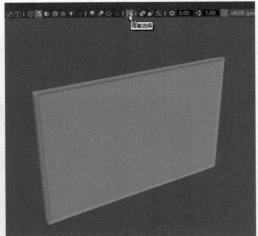

步骤 13 接下来制作电视机下面的小柜子模型，首先创建一个多边形立方体，然后使用移动、缩放工具调整该多边形位置、大小，结果如下左图所示。

步骤 14 利用之前介绍的方法选中模型的所有边，执行"倒角边"命令，参数设置如下右图所示。

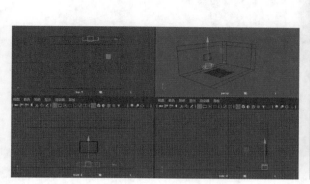 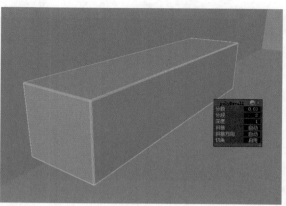

步骤 15 按下数字键4进入模型线框模式，选中下左图所示的边，然后按住Ctrl+鼠标右键，执行"环形边工具>到环形边并切割"命令。

步骤 16 执行"到环形边并切割"命令后的效果如下右图所示。

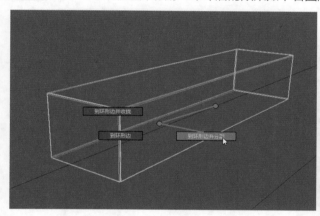 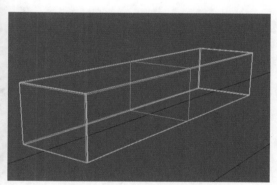

步骤 17 选中两个面，然后执行"挤出面"命令，将"保持面的连接性"属性改为"禁用"，使用移动工具、缩放工具调整其位置和大小，效果如下左图所示。

步骤 18 再次将这两个面向外进行挤出，并使用移动工具调整其位置，如下右图所示。

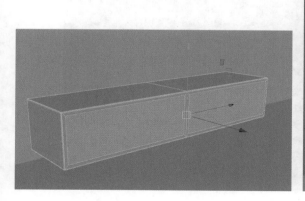 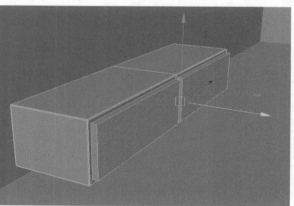

步骤 19 使用插入循环边工具为抽屉增加几条循环线后，按数字3键，效果如下左图所示。

步骤 20 使用之前介绍的方法制作出下右图所示的效果，然后按下数字键3预览效果。

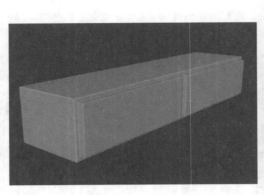

步骤 21 创建4个多边形立方体，使用移动、旋转、缩放工具，将其放置在下左图所示的位置。然后使用"倒角边"命令，制作出倒角。

步骤 22 下面制作音箱模型，首先创建一个立方体和一个圆柱体，修改圆柱体的"轴向细分数"为8，放置在下右图所示的位置。

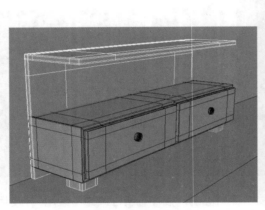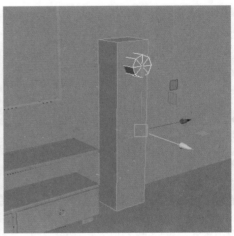

步骤 23 先选择立方体，再按住Shift键加选圆柱体，执行"网格>布尔>差集"命令，效果如下左图所示。

步骤 24 执行"网格工具>多切割"命令，手动连接线，如下右图所示。

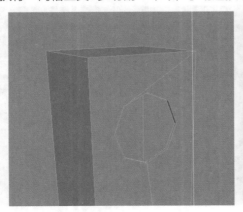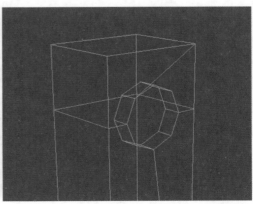

步骤 25 同样的方法手动连接其他的线并删除多余的线，效果如下左图所示。

步骤 26 选中下右图中的边，按住Shift+鼠标右键，选择"挤出边"命令。

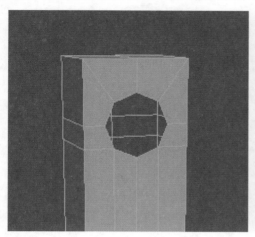
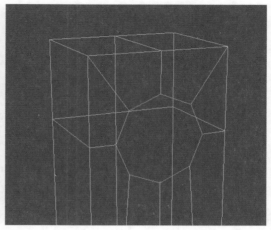

步骤 27 执行"挤出边"操作后，使用缩放、移动工具对挤出的边进行缩放和移动，效果如下左图所示。

步骤 28 选择内圈的边，然后执行"网格>填充洞"命令，效果如下右图所示。

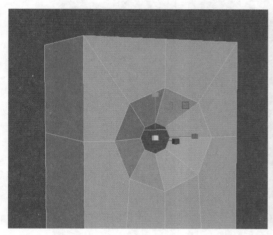
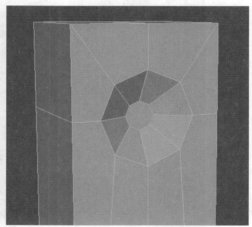

步骤 29 执行"网格工具>多切割"命令，手动连接线，如下左图所示。

步骤 30 使用插入循环边工具在下右图所示的位置添加三条循环边并查看效果。

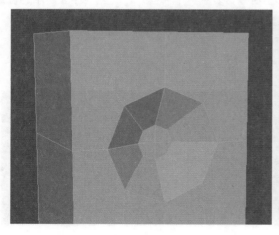
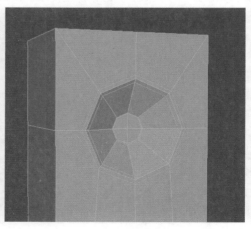

步骤 31 切换为模型的顶点模式，选中下左图所示的点，使用移动工具进行移动。

步骤 32 选中圆圈的所有点，并使用缩放工具进行缩放，然后按下数字键3，效果如下右图所示。

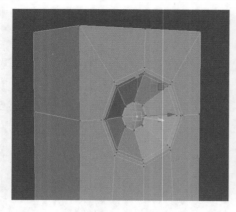 

步骤 33 使用上述所介绍的方法，制作出下左图所示的效果。

步骤 34 选择下中图所示的线，执行"倒角边"命令。

步骤 35 使用之前所介绍的方法修改倒角边的"分数""分段"值，然后按数字3键，效果如下右图所示。

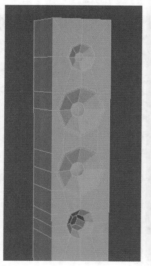 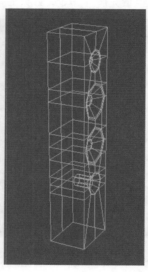 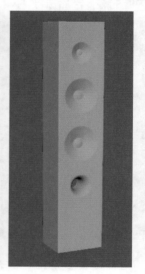

步骤 36 音箱模型制作完成后，选中模型并按Ctrl+D组合键，复制一个模型并移动到下左图所示的位置。

步骤 37 创建一个多边形立方体，使用缩放、移动工具调整其大小、位置，放置的位置如下右图所示。

 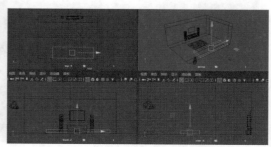

步骤 38 使用前面所介绍的插入循环边工具和"挤出面"命令，制作出下左图所示的效果。

步骤 39 选择边缘的线，执行"倒角边"命令，然后按数字3键，效果如下右图所示。

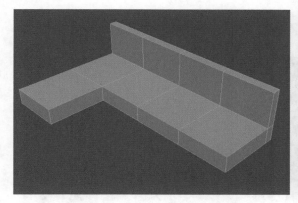
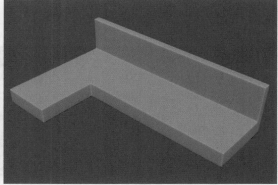

步骤 40 创建一个多边形立方体，放置在下左图所示的位置。

步骤 41 选择相应的边，然后使用"倒角边"命令制作倒角效果，如下右图所示。

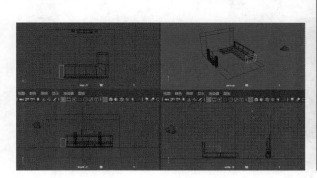
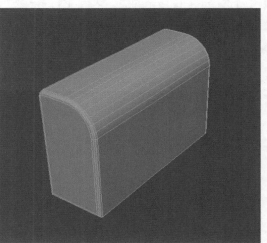

步骤 42 按住Shift+鼠标右键，选择"多切割"命令，手动连接其中的线，效果如下左图所示。

步骤 43 复制一个制作完成的沙发扶手模型，然后移动到下右图所示的位置。

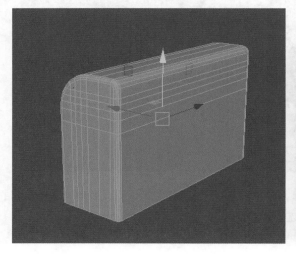
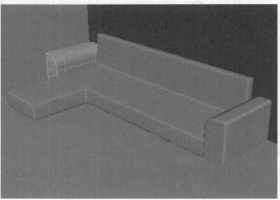

步骤 44 创建一个多边形立方体，设置其细分参数，如下左图所示。

步骤 45 选择下右图所示的面，向上移动并查看效果。

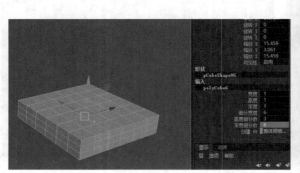 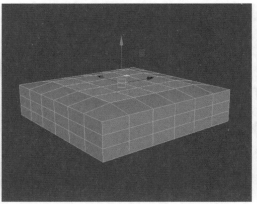

步骤 46 选择边缘线，执行"倒角边"命令，按下数字键3，效果如下左图所示。

步骤 47 选择下右图所示的边，然后向外进行移动，另外几个面的操作方法相同。

 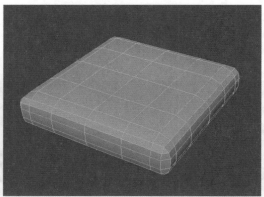

步骤 48 选择沙发垫模型并执行缩放、移动、复制操作，然后放置在下左图所示的位置。

步骤 49 创建一个多边形立方体，修改其细分值，如下右图所示。

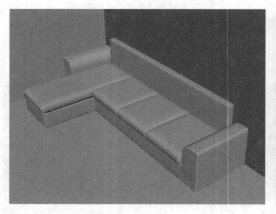 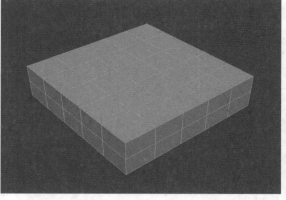

步骤 50 选择中间的面，然后按B键，打开软选择工具，按住B键并配合鼠标左键，可以调整软选择范围的大小，选择适当的范围然后向上进行移动，效果如下左图所示。

步骤 51 选择下右图所示的四条线，向下进行移动并调整点的位置。

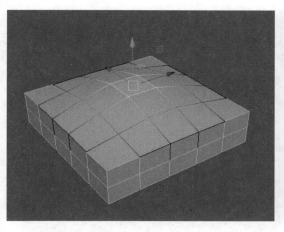 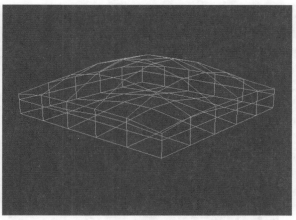

步骤 52 选择下左图中的点，然后按R键进行缩放。

步骤 53 删除模型的下面部分，然后选中上部分，执行"编辑>特殊复制"命令。选中两个模型，执行"网格>结合"命令，选择中间的点，按住Shift+鼠标右键，执行"合并顶点>合并顶点"命令，效果如下右图所示。

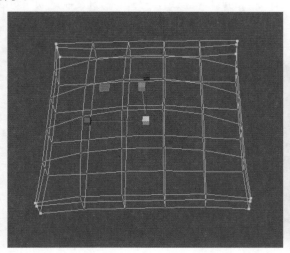 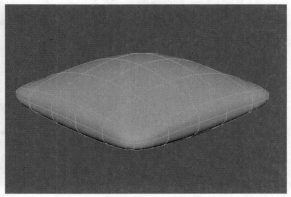

步骤 54 选择中间的线，然后执行"倒角边"命令，效果如下左图所示。

步骤 55 选择下右图中的面，执行"挤出面"命令并查看效果。

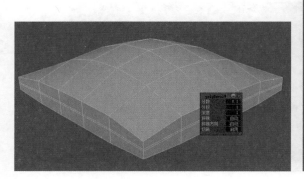 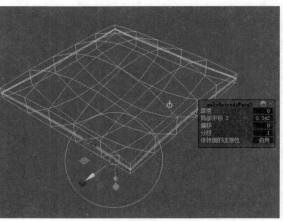

步骤56 选择模型并执行旋转、缩放、复制操作，按下数字键3，效果如下左图所示。

步骤57 使用前文所介绍的方法和命令，制作一个茶几模型，这里不再介绍具体操作步骤，效果如下右图所示。

 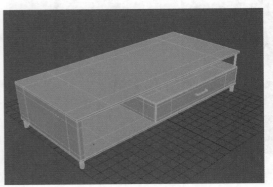

步骤58 创建一个多边形立方体，利用之前所介绍的方法制作出冰箱模型，首先制作出大致的效果，如下左图所示。

步骤59 选中下右图中的模型，单击"编辑>特殊复制"命令后的选项框按钮，打开"特殊复制选项"对话框，设置参数如下右图所示。

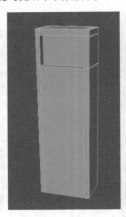 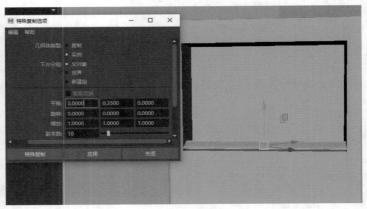

步骤60 单击"应用"按钮后查看效果，如下左图所示。

步骤61 选中房子模型，在菜单栏中执行"网格工具>插入循环边"命令，在下右图所示的位置插入三条循环边。

 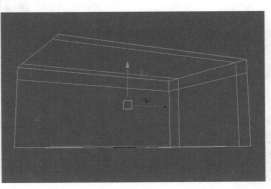

步骤 62 切换为模型的"面"模式，选中下左图所示的面，然后按Delete键。

步骤 63 制作出窗框模型，效果如下右图所示。

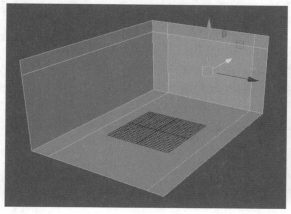 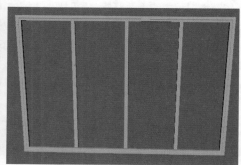

步骤 64 创建一个多边形平面，然后修改其细分值，随机选择其中的一些线，然后向上进行移动，效果如下左图所示。

步骤 65 将窗帘放置在下右图所在的位置。

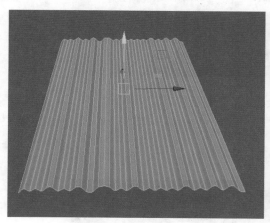 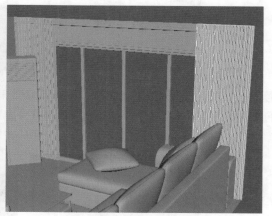

步骤 66 制作完成后查看最终效果，如下图所示。

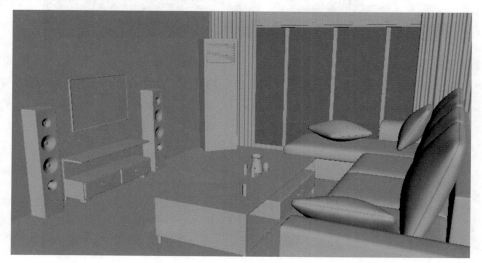

第11章　制作彩色钻石材质

本章概述

材质是三维世界中的重要概念，是对现实世界中各种材质视觉效果的模拟。在学习了Maya材质与纹理的相关知识后，本章将通过制作彩色钻石材质的具体实例，对材质制作的相关操作进行详细讲解。

核心知识点

❶ 掌握颜色和透明度属性的设置方法
❷ 掌握主光源的设置方法
❸ 掌握3D纹理的设置方法
❹ 掌握贴图赋予的操作方法

步骤 01 打开随书光盘文件中的zuanshi.mb文件，如下左图所示。

步骤 02 创建一个blinn材质球，然后赋予钻石模型，如下右图所示。使用同样的方法，赋予地板一个blinn材质球。

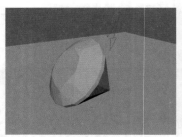 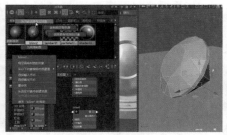

步骤 03 进入已经创建好的摄影机视角，查看渲染效果，如下左图所示。

步骤 04 选择钻石模型，按Ctrl+A键组合键打开"属性编辑器"面板，对"颜色"和"透明度"属性进行设置，如下右图所示。

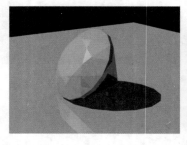 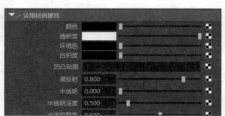

步骤 05 设置完成后查看渲染效果，如下左图所示。

步骤 06 在"属性编辑器"面板中展开"镜面反射着色"卷展栏，设置"偏心率"值为0.1、"镜面反射衰减"值为2，并设置"镜面反射颜色"为H：360、S：0、V：1，参数设置如下右图所示。

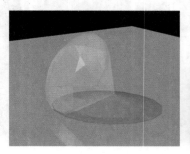 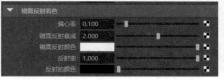

步骤 07 展开"光线跟踪选项"卷展栏，勾选"折射"复选框，设置"折射率"值为2.5、"折射限制"值为10，参数设置如下左图所示。

步骤 08 设置完成后查看渲染效果，如下右图所示。

步骤 09 选择主光源，然后按Ctrl+A键组合键，打开"属性编辑器"面板，展开mental ray下的"焦散和全局照明"卷展栏，勾选"发射光子"复选框，并设置"光子密度"和"指数"值，如下左图所示。

步骤 10 执行"渲染>渲染设置"命令，打开"渲染设置"对话框，选择mental ray渲染器，在"质量"面板中打开"焦散"卷展栏，勾选"焦散"复选框，如下右图所示。

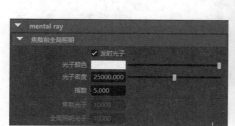
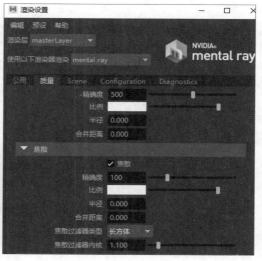

步骤 11 设置完成后查看渲染效果，如下右图所示。

步骤 12 然后在"材质编辑器"面板中选择"3D纹理>凹陷"选项，创建一个凹陷节点，如下右图所示。

步骤 13 将鼠标放在"材质编辑器"工作区的"凹陷"节点上，然后按住鼠标中键拖动到钻石"公用材质属性"卷展栏中的"透明度"参数上，如下左图所示。

步骤 14 接着在"材质编辑器"面板中单击"凹陷"节点，打开"凹陷属性"卷展栏，如下右图所示。

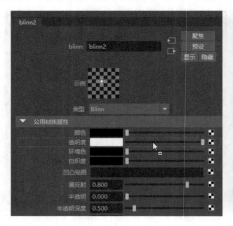
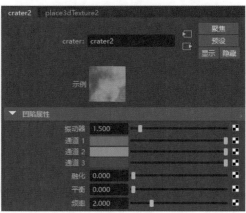

步骤 15 连接"凹陷"纹理节点后，查看渲染效果，如下左图所示。

步骤 16 修改通道1的颜色为H：360、S：0.35、V：1、通道2的颜色为H：282、S：0.5、V：1、通道3的颜色为H：36、S：0.4、V：1，如下右图所示。

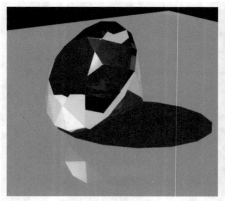
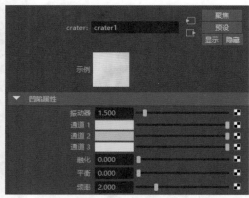

步骤 17 设置完成后查看渲染效果，如下左图所示。

步骤 18 选择地板模型，按Ctrl+A组合键，打开"属性编辑器"面板的"公用材质属性"卷展栏，单击"颜色"后的小方块，如下右图所示。

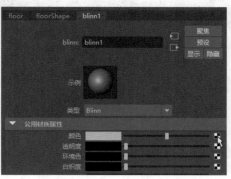

步骤19 在弹出的"创建渲染节点"对话框中选择"文件"选项，如下左图所示。

步骤20 在打开的file面板中单击"文件属性"卷展栏下"图像名称"后的文件夹按钮，如下右图所示。

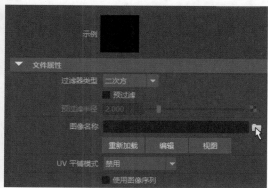

步骤21 在"打开"对话框中找到所需的贴图，单击"打开"按钮，完成贴图的赋予操作，渲染效果如下左图所示。

步骤22 创建3个NURBS平面作为反光板，放在钻石的周围，赋予它们Lambert材质球，然后在"材质编辑器"面板中修改"颜色""透明度""环境色"参数，如下右图所示。

步骤23 选中反光板，按Ctrl+A组合键，打开"材质编辑器"面板中的"渲染统计信息"卷展栏，取消勾选"投射阴影"和"主可见性"复选框，如下左图所示。

步骤24 设置完成后，查看最终的渲染效果，如下右图所示。

课后练习答案

第1章

1. 选择题

　　（1）D　　（2）D　　（3）B　　（4）A

2. 填空题

　　（1）Ctrl+N

　　（2）Alt、左

　　（3）Shift+I

　　（4）Alt+B

第2章

1. 选择题

　　（1）D　　（2）A　　（3）C　　（4）C　　（5）B

2. 填空题

　　（1）顶点、边和面

　　（2）三边多边形、四边多边形

　　（3）创建多边形

　　（4）网格显示>硬化边

第3章

1. 选择题

　　（1）B　　（2）A　　（3）D　　（4）A　　（5）C

2. 填空题

　　（1）跨度数

　　（2）末端

　　（3）曲率

　　（4）附加

　　（5）显示>题头显示>多边形计数

第4章

1. 选择题

　　（1）C　　（2）B　　（3）A　　（4）C　　（5）B

2. 填空题

　　（1）UV坐标、投射的方式

　　（2）不透明

　　（3）黑色、中间调

　　（4）大

　　（5）弱

第5章

1. 选择题

　　（1）C　　（2）D　　（3）B　　（4）B

2. 填空题

　　（1）6、体积光

　　（2）灯光雾

　　（3）4

　　（4）3

　　（5）以灯光为中心、以对象为中心

　　（6）反射、折射

第6章

1. 选择题

　　（1）B　　（2）C　　（3）C　　（4）D　　（5）A

2. 填空题

　　（1）动画、采用的格式

　　（2）跟着发生变化

　　（3）派卡、像素

　　（4）消失

　　（5）使用以下渲染器渲染

第7章

1. 选择题

　　（1）A　　（2）C　　（3）B　　（4）A　　（5）C

2. 填空题

　　（1）表达式动画、运动捕捉动画

　　（2）约束>运动路径>连接到运动路径

　　（3）晶格变形

　　（4）位移约束

　　（5）位置差

第8章

1. 选择题

　　（1）D　　（2）A　　（3）C　　（4）B　　（5）B

2. 填空题

　　（1）移除关节

　　（2）连接关节、将关节设为父子关系

　　（3）预设

　　（4）骨架>采用首选角度

　　（5）重定骨架根